拐枣丰产栽培管理技术

向甲斌　许启耀　倪　星◎主编

西北农林科技大学出版社

图书在版编目（CIP）数据

拐枣丰产栽培管理技术 / 向甲斌，许启耀，倪星主编. —杨凌：西北农林科技大学出版社，2021.10

ISBN 978-7-5683-1024-6

Ⅰ. ①拐… Ⅱ. ①向… ②许… ③倪… Ⅲ. ①拐枣—高产栽培 Ⅳ. ①S793.1

中国版本图书馆CIP数据核字(2021)第212736号

拐枣丰产栽培管理技术
向甲斌　许启耀　倪星　主编

出版发行　西北农林科技大学出版社
地　　址　陕西杨凌杨武路3号　　　邮　编：712100
电　　话　总编室：029-87093195　　发行部：029-87093302
电子邮箱　press0809@163.com
印　　刷　陕西天地印刷有限公司
版　　次　2021年10月第1版
印　　次　2021年10月第1次印刷
开　　本　850 mm × 1 168 mm　1/32
印　　张　2.75
字　　数　66千字

ISBN 978-7-5683-1024-6

定价：20.00元

《拐枣丰产栽培管理技术》编委人员名单

总 策 划	任加兵
顾　　问	王成书
主　　任	向小敏
副 主 任	兰瑞涛
主　　编	向甲斌　许启耀　倪　星
参编人员	吴晓燕　汪学富　梁　琪　梁　磊 谌立峰　李增芝

前言

拐枣，又名枳椇，属鼠李科枳椇属，别名：万寿果、金钩梨等。高大落叶乔木。

拐枣适应性强，市场发展前景好，发展潜力大，是山区经济林栽培的主要树种之一，非常适宜山区发展，适宜大面积推广种植。由于拐枣是小树种，在技术研究方面比较滞后。为推进拐枣产业健康发展，解决生产中的技术问题，我们吸收了国内拐枣科研成果及栽培技术，结合生产实践经验，对拐枣的发展前景、苗木培育、丰产建园、土肥水管理、整形修剪、病虫害防治等方面技术措施进行整理，力求通过规范栽培，科学管理，达到丰产高效的目的。在编写中注重实用性和可操作性，通俗易懂，便于指导生产。

由于编者水平有限，希望广大林业技术人员和农民朋友在实践中多提宝贵意见，再编时予以提高。

目录
CONTENTS

第一章 总 论

一、拐枣概况

拐枣（图 1–1），又名枳椇，为鼠李科枳椇属落叶乔木，别名：万寿果、金钩梨等，主要分布在我国甘肃、陕西、河南、安徽、江苏、浙江、江西、福建、广东、广西、湖南、湖北、四川、云南、贵州等省区。印度、尼泊尔、不丹和缅甸北部以及日本、朝鲜、俄罗斯也有生长。

图 1–1 拐枣树

拐枣树是一种速生树种，树势优美，枝叶繁茂，叶大浓荫，果梗虬曲，状甚奇特，不仅是经济树种，还可用作“四旁”绿化树种。其木材细致坚硬，纹理美观，易加工，刨面光滑，油漆性能佳，为建筑和制细木工用具的良好用材。

二、拐枣的作用

拐枣树全身都是宝，其根、叶、果实（种子）、肉质果柄均可入药，具有清热、止咳、补血、健胃、利尿和解酒毒等功效；其果柄（图 1–2）含丰富的葡萄糖和苹果酸钾，具有独特的药用与食用价值，经霜打后可生食或制成果脯和酿酒，其酿造的酒具有提神、祛风湿、通筋络的功效，具有良好的保健作用。其种子中药称为枳椇子，具有止渴除烦、祛风通络止痉、消湿热、解酒毒之功效。其肉质果柄中含有丰富的有机酸、苹果酸钾等无机盐类，含有多种维生素和18 种人体必需氨基酸，特别是其中的黄酮类化合物等，具有清除自由基、抗氧化、抗血栓、抗肿瘤、消炎、醒酒安神、护肝、降血糖、降血脂等多种功效。可加工拐枣酒、果酒、果醋、保健茶、饮料、拐枣糖、拐枣干等功能食品和保肝护肝、降糖降脂、祛风祛湿、通络止痉等保健药品。

图 1–2　拐枣果梗和果实

1. 拐枣化学成分

北枳椇种子含黑麦草碱，β– 咔啉，枳椇甙 C、D、G、G’和 H，其中枳椇甙 D 和 G 相应的甙元为酸枣甙元；果实含多量葡萄糖，硝酸钾和苹果酸钾；果柄和花序轴均含葡萄糖，果糖和蔗糖，在花序轴中这三者的含量分别为 11.14%、4.74%和 12.59%；根皮含欧鼠李碱和枳椇碱 A、B，枳椇碱 A 即去 –N–甲基欧鼠李碱；木质部含枳椇酸。

2. 营养价值

拐枣有很高的营养价值。据分析测定，拐枣含有丰富的果糖和葡萄糖，经检测拐枣总糖含量≥ 25 g/100g，总酸含量≤ 2.2 g/kg，维生素 C 含量≥ 50 mg/100g，氨基酸总量≥ 2.2 g/100g，铁≥ 15 mg/kg，富含 18 种人体必需的氨基酸，黄酮和铁、磷、钙、锌、铜等微量元素和一些生物碱。风味颇佳，可作为生食果品。因而有“糖果树”的盛名，又有“鸡爪梨”“甜半夜”之雅称。此外，还含有丰富的有机酸、苹果酸钾等无机盐类，是一种很具有开发价值的植物类资源。

3. 药用价值

拐枣具有医用价值，可治疗多种疾病，其药用最早见于《唐本草》。李时珍《本草纲目》说它“味甘、性平、无毒，有止渴除烦，去膈上热，润五脏，利大小便，功同蜂蜜”，是糖尿病患者的理想果品。“其枝、叶，止呕逆，解酒毒，辟虫毒”。拐枣果梗酿制的“拐枣白酒”，性热，有活血、散瘀、去湿、平喘等功效。民间常用拐枣酒泡药或直接用于医治风湿麻木和跌打损伤等症。在中医上，其种子、木质入药，有清热、利尿、解酒毒之功效。

三、拐枣产业发展趋势

拐枣产业具有很好的市场开发价值，发展拐枣产业对实现农民脱贫致富、繁荣农村经济、促进乡村振兴都有着重要的意义：一是产业链条长。拐枣的果梗、果柄、种子以及根茎叶等均含有人体必需的氨基酸和铁、磷、钙、铜等微量元素，除可以鲜食外，还是酿酒、制醋、制糖和食疗、药用保健饮品的主要原料，所以相应衍生产品研发拓展空间大、利用价值高、潜在效益好。二是适生能力强、挂果早、盛果期长、产量高。定植后一般 5 ～ 6 年开花结果，8 年左右进入盛果期，盛果期长达 30 ～ 60 年。初产期单株可产拐枣 20 ～ 30 kg，20 年左右的大树单株可产拐枣 150 ～ 200 kg，亩产 2 000 kg 左右，经济价值相对较高。三是病虫危害少，田间管理简便，便于采收、储藏和运输，生产经营成本较低。四是随着经济社会发展，城乡居民生活水平不断提高，回归自然、追求健康渐成共识，随之养生保健行业已悄然兴起，拐枣解毒护肝之独特功效，被人们逐步认识和重视，随着其系列产品深度开发和康养产业兴起，拐枣发展前景十分广阔。

第二章　拐枣生物学特性

一、拐枣的根

拐枣为深根性树种，主根直立、侧根水平伸展较远，须根多而发达，多分布在 20 ～ 80 cm 土层中，在土层瘠薄而干旱或地下水位高的地方，根系的深度和广度都会大幅减少。所以拐枣喜肥、怕旱、怕涝，在土壤疏松、土层深厚肥沃的砂壤土生长良好。

拐枣的根系生长与树龄的关系是：幼苗时根比茎生长快，根系发达，主根明显，侧根达 5 条以上；2 年生以后的侧根数量增多，地上部分生长开始加速，随树龄的增长侧根逐渐超过主根，成年拐枣树根系的垂直分布主要集中在 15 ～ 50 cm 土层中，约占总根量的 80% 以上，水平分布主要集中在以树主干为圆心至树冠边缘范围内。拐枣的根系生长和分布状况，常因立地条件的不同变化差异较大，据调查，在土壤比较坚实的石砾地，根系多分布在客土种植穴内，穿出者极少，在这种条件下拐枣树易形成生长极差的“小老树”；在土壤疏松、通透性良好、土层深厚、肥沃湿润的棕壤或黄棕壤土中生长良好，地上部分生长健壮；在料姜石砾、黏重板结、干旱瘠薄的土壤中栽植的拐枣树生长较差。

二、拐枣的枝

小枝褐色或黑紫色，被棕褐色短柔毛或无毛，有明显白色的皮孔，拐枣的一年生枝条分营养枝和结果枝两种。

营养枝：一是发育枝，由上年叶芽发育而成，顶芽为叶芽，萌发后只抽枝不结果，此类枝条是扩大树冠增加营养面积和结果枝的基础；二是徒长枝，多由树冠内膛的休眠芽或潜伏芽刺激后萌发而成，一般生长不充实，如数量过多，会大量消耗养分，影响树体的正常生长和结果，生产中应加以控制。

结果枝由结果母枝上的顶芽或腋芽抽发而成，该枝顶部着生两性花序，当年开花结果。

拐枣喜光，枝条的生长受年龄、光照条件、营养状况、着生部位及立地条件的影响。一般幼树和壮枝一年中有两次生长，形成春梢和秋梢。春季，在萌芽期和展叶期同时抽生新枝，随着气温的升高，枝条生长加快，于5月上中旬达旺盛生长期，6月上中旬第一次生长停止，此期枝条生长量可占全年生长量的80%。短枝和弱枝一次生长结束后即形成顶芽，健壮发育枝和结果枝可出现第二次生长。秋梢顶芽形成较晚。旺枝在夏季则继续生长或生长缓慢。春秋梢交界处不明显。二次生长现象随年龄增长而减弱。一般来说，二次生长往往过旺，木质化程度差，不利于枝条越冬，应加以控制。顶部细弱枝在落叶后会从节间自然脱落，需要特别注意的是拐枣在光照条件不足和土壤肥水条件差、营养供应不足时，小枝和枝组在冬季容易形成自然干枯现象，背下枝吸水力强，生长旺盛，这是拐枣不同于其他树种的两大重要特征，在栽培管理中应注意控制或利用，否则会造成自然干枯枝大量增多，背下枝形成“倒拉枝”，使树形紊乱，树冠生长不均匀，影响骨干枝条生长、树冠养成和树下耕作。

三、拐枣的芽

根据其形态、结构及发育特点，拐枣的芽分为叶芽、花芽、潜伏芽（或休眠芽）三种。

1. 叶芽

叶芽：亦称营养芽，萌发后只抽生枝和叶，主要着生在营养枝顶端及叶腋间，单生，一般在 3 月中旬叶芽萌动，经过一周的时间到开绽展叶期。

2. 花芽

花芽萌发后形式两性花序，多着生在一年生健壮枝条的顶部和中上部，数量不等，单生。芽为裸芽。花芽在 4 月中旬花序露出伸长；5 月上中旬花蕾分离。

3. 潜伏芽

潜伏芽又叫休眠芽，属于叶芽的一种，正常情况下不萌发，当受到外界刺激后才萌芽，是树体更新和复壮的后备力量，主要着生在树冠内膛和枝条的基部下侧，单生，其寿命可达数十年之久。

四、拐枣的叶

拐枣的叶（图 2–1）为互生，纸质至厚纸质，嫩枝、幼叶背面、叶柄和花序轴初有短柔毛，后脱落。叶片椭圆状卵形、宽卵形或心状卵形，长 8 ～ 16 cm、宽 6 ～ 11 cm，顶端渐尖，基部圆形或心形，常不对称，边缘常具整齐浅而钝的细锯齿，上部或近顶端的叶有不明显的齿，稀近全缘，叶面无毛，叶背面沿脉或脉腋常被短柔毛，叶柄长 2 ～ 5 cm，无毛。一般在 3 月中旬叶芽萌动到开绽，需经过一周的时间，在 4 天之后叶片展开，8 天之后叶幕形成，植物开始光合作用，叶片生长，新梢伸长。10 月中旬开始落叶，到 11 月上旬落叶末期，一般阳坡早于阴坡。

叶芽（开绽期）　叶（叶幕出现期）

叶（叶片生长期）　花（花序露出期）

图 2–1 拐枣的叶生长变化

五、拐枣的花

花期 5 ～ 7 天，4 月中旬花序露出伸长；5 月上中旬花蕾分离。6 月上旬进入初花期，花期持续 15 天；二歧式聚伞圆锥花序，顶生和腋生，被棕色短柔毛；花两性，花小，黄绿色，直径 5 ～ 6.5 mm，花瓣扁圆形，萼片具网状脉或纵条纹，无毛，长 1.9 ～ 2.2 mm，宽 1.3 ～ 2 mm；花瓣椭圆状匙形，长 2 ～ 2.2 mm，宽 1.6 ～ 2 mm，具短爪；花盘被柔毛；花柱半裂，稀浅裂或深裂，长 1.7 ～ 2.1 mm，无毛（图 2–2）。

花（花蕾分离期） 花（花蕾分离期） 花（花序伸长期） 花（花序伸长期）

花（初花期） 花（初花期） 花（初花期） 花（盛花期）

花（盛花期） 花（盛花期） 末花期，幼果出现

图 2–2 拐枣花生长变化

六、拐枣的果实

果期 7 ～ 10 月。7 月上中旬幼果出现，7 月中下旬果梗开始膨大形成果柄，持续生长，到10月中下旬果梗生长停止。果实虬曲，状甚奇特，似万字符 " 卍 "，故称万寿果。果柄

肉质，汁液多，果柄前期绿色，7 月中旬果梗开始变色，因品种差异逐渐变成青绿色、红褐色、黄褐色或棕褐色，接着果柄开始膨大生长，果序轴明显膨大，到 10 月中下旬果柄生长停止；果实近球形，直径 5 ～ 6.5 mm，无毛，成熟时灰褐色、黄褐色或棕褐色；果实着生于果柄顶部，像小铃铛，每个果实包裹 3 粒红褐色种子，种子扁平近圆形，种子表层蜡质较厚，初发育颜色红色，落花之后种子开始生长发育，成熟后背面稍隆起，腹面较平坦，表面暗褐色、红棕色、棕黑色，直径 3.2 ～ 4.5 mm，腹面有纵行隆起的种脊。种皮坚硬，胚乳白色，子叶淡黄色，肥厚，均富油质。味微涩（图 2–3）。

图 2–3　拐枣果柄变化

不同拐枣果实（种子）性状：（1）北枳椇种子扁平圆形，背面稍隆起，腹面较平坦，直径 3 ～ 5 mm，厚 1 ～ 1.5 mm。表面红棕色、棕黑色或绿棕色，有光泽，于放大镜下观察可见散在凹点，基部凹陷处有点状淡色种脐，顶端有微凹的闭合点，腹面有纵行隆起的种脊。种皮坚硬，胚乳白色，子叶淡黄色，肥厚，均富油质。（2）积椇种子红褐色或黑紫色，直径 3.2 ～ 4.5 mm，胚乳白色，子叶淡黄色，肥厚。（3）毛果枳椇种子黑色、黑紫色或棕色，近圆形，直径 4 ～ 5.5 mm，腹面中部有棱，背面有时具乳头状突起。广东、广西等地以肉质花序轴一并入药。饱满、有光泽的为优质种子。

显微鉴别：北枳椇种子横切面：外表皮为 1 列栅状细胞，长约 180 μm，宽约 12 μm，外壁薄，侧壁甚厚，胞腔窄缝状，靠内壁处膨大，外侧具光辉带。色素层细胞数列，近卵形或多角形，含有棕色物，其内数列薄壁细胞较小，不含色素。内表皮细胞径向延长，排列较整齐。外胚乳细胞颓废，内胚乳细胞壁较厚，子叶细胞壁薄，均充满糊粉粒。

七、拐枣的生长物候期

一般将其一年的生长物候期分为萌芽期、展叶期、开花期、果期、落叶期。从物候期观察可知，拐枣不同物候时期的生长变化（表 2–1）：3 月中旬叶芽萌动到开绽，经过一周的时间，在 4 天之后叶片展开，8 天之后叶幕形成，植物开始光合作用，叶片生长，新梢伸长。到 4 月中旬花序露出伸长；5 月上中旬花蕾分离。6 月上旬进入初花期，中旬为盛花期，花期持续 15 天，海拔 500 亩以下区域要早，上旬进入初花期，500 米以上区域 6 月中旬；落花一周左右，7 月上中旬幼果出现，7 月中下旬果梗开始膨大成为果柄，持续生长，到 10 月中下旬果柄生长停止。霜降前后，果实成熟，开始采摘。拐枣果柄整个生长期间，果柄直径呈现先增加后稳定的趋势；果柄粗度呈先增加后缓慢再稳定的趋势，截至 10 月中旬，果柄膨大速度趋于稳定。前期的生长是由于光合作用产生的有机物大部分用于果柄的生长发育，果柄积累一定的有机物，生长膨大；果柄逐渐生长过程中，有机物一部分用于植株的生长发育变化，一部分用于果柄的生长发育，果柄的生长速度减缓；10 月中旬开始，叶片逐渐掉落，光合作用速率减慢，有机物的积累量减少，果柄和植株的生长均呈稳定的趋势。

表 2–1　拐枣生长不同物候时期

物候时期	日期
芽萌动期	3 月 14 日
芽开绽期	3 月 22 日
展叶期	3 月 26 日
叶幕形成期	3 月 30 日
叶片生长期	3 月 30 日 ~ 9 月 28 日
落叶期	9 月 30 日
新梢生长期	4 月 4 日
花序露出期	4 月 13 日
花序伸长期	4 月 15 日 ~ 5 月 4 日
花蕾分离期	5 月 4 日
初花期	6 月 7 日
盛花期	6 月 10 日 ~ 6 月 15 日
末花期	6 月 22 日
初果期	6 月 27 日
果柄膨大期	7 月 12 日 ~ 10 月 12 日
果实成熟期	10 月 23 日 ~ 11 月 5 日

第三章　拐枣育苗

一、实生苗培育

1. 采种

选择15年左右、生长健壮、无病虫害的拐枣树作为采种母树，待11月果梗红褐色，种子充分成熟时采收。采下的果梗，摊放在干净的水泥地面或者竹席、塑料布上晾晒，待大部分至6～7成干时用工具拍打抖落种子，除去杂物，用水洗去糖分晾干后窖藏或沙藏。沙藏时应注意厚度、温度、湿度，以种子处于自然温度和较干燥环境为宜，温湿度均偏大时，种子易提前发芽或霉变。

2. 育苗地选择

选择土壤肥沃，背风向阳，排水良好，有灌溉条件，交通便利的壤土、砂壤土地块作为育苗圃地。坡度大、土壤黏重、干旱无灌溉条件的地块不宜作育苗地。

3. 整地

按腐熟有机肥1 000～1 500 kg/亩、磷酸二氢铵100 kg/亩、磷肥50 kg/亩，均匀撒施苗圃地后，深翻25 cm以上，打碎土块，拣净石块和杂草，耙平整细。按高20 cm、宽1.2～1.5 m的规格做苗床（图3–1），苗床两侧保留深15 cm、宽20～30 cm的步道（排水沟），苗圃地的四周和中间必须再挖好排水沟，确保苗圃地排水通畅，不留积水。

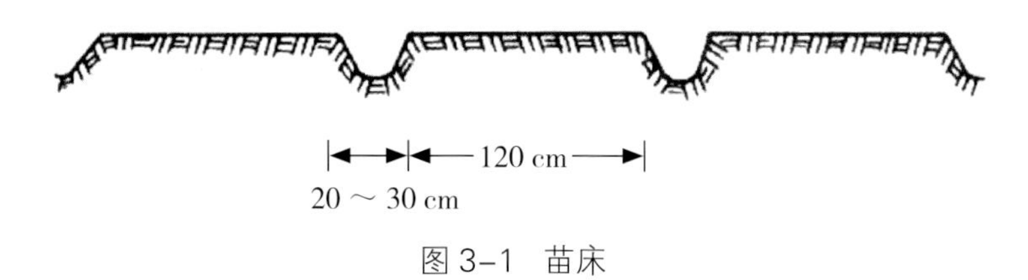

图 3-1　苗床

4. 催芽

春季 3 月中下旬播种，播后用地膜覆盖保温保湿，出苗早，出苗整齐。拐枣种子角质层密实，播种前需进行浸种催芽和消毒。先把种子用 0.5% 高锰酸钾浸泡 2 小时消毒，然后用清水冲洗 2 ～ 3 次，再用 40 ～ 50℃的温水浸泡 1 ～ 2 天，晾干水分后置于木桶或温室催芽 5 ～ 7 天，每天清洗 1 次，待部分种子露白即可播种。大面积育苗时，催芽要注意按播种进度分批进行。催芽育苗必须要有灌溉条件，无灌溉条件时不要催芽，应该用温水浸种一昼夜再播种。

5. 播种

春播宜在土壤解冻之后马上进行，一般在 3 月中旬，春播的缺点是播种期短，田间作业紧迫。若延迟播种，气温回升快，蒸发量大，不易保持土壤湿度，同时生长期短，生长量小，会降低苗木质量。

播种时按行距 20 ～ 30 cm，开深 3 ～ 5 cm 左右的播种沟，将种子均匀播入沟内，用细土覆盖，厚度 2 cm，用种量 3 ～ 5 kg/ 亩。播后沿步道灌水，渗透整个苗床，注意水不要漫过床面，然后用稻草或遮阳网覆盖，保持土壤湿润。

6. 苗期管理

（1）及时去除覆盖。播种 10 天后，要在晴天下午翻开稻草或遮阳网，查看幼苗出土情况，当新苗出土率达 80% 时，要在晴天下午或阴天逐渐将苗床稻草或遮阳网揭开，让其炼苗，可采取循序渐进的方式进行，逐步接受阳光照射。严禁在晴天中午或大雨天揭开苗床遮蔽物，避免幼苗灼伤或被大雨淋倒伏。苗高 15 cm 左右时可去除覆盖物。对光照太强的苗圃地，如遇持续干旱天气，应注意对幼苗用遮阳网适当遮阴。

（2）合理浇水保墒。拐枣播种后，要随时观察苗圃地的墒情，墒情不足时，要及时浇水补墒，保持土壤潮湿有利于幼苗生长。浇水要注意在傍晚或清晨进行，不得在光照太强时浇水，否则易造成死苗。

（3）及时除草。播种后要每周查看 1 ～ 2 次苗圃地，发现杂草，要按“除早、除小、除了”原则，及时拔除，以免荒草，影响产苗量。不得使用除草剂除草。

图 3–3　拐枣幼苗

（4）合理间苗。间苗应从幼苗长 3 ～ 5 片真叶时开始，结合除草分 2 ～ 3 次进行，最终每亩保留 1.2 万～ 1.5 万株，即播种沟行距 25 cm 的，按株距 15 cm 保留幼苗即可。间苗主要是除去苗床弱小苗、过密苗、徒长苗等。过密、过稀都会影响合格苗产量（图 3–3）。

（5）加强追肥。初次追肥可在幼苗长至 10 cm 时进行，可按尿素 1 ～ 1.5 kg/ 亩，结合灌水、下雨或在雨后晴天下午进行撒施；隔 1 个月后再追肥 1 次，施尿素 2 ～ 3 kg/ 亩；在 7 月再追肥 1 次，施尿素 4 ～ 5 kg/ 亩、磷酸二氢钾 2 kg/ 亩。8 月份以后不得再追肥，否则会影响苗木的木质化和出圃。

7. 苗圃病虫害防治

病虫害对苗圃造成的损失往往较大，病虫害防治显得尤为重要。常见的苗圃病虫害有以下几种：

（1）苗木猝倒病。苗木猝倒病也叫立枯病。主要危害杉木属、松属等针叶树幼苗。也危害香椿、臭椿、榆树、银杏、桑树、刺槐等阔叶树幼苗。幼苗多在 4 ～ 6 月份发病，表现症状不相同，一般分为种芽腐烂型 、茎叶腐烂型、幼苗猝倒型 、苗木立枯型四个类型。

综合防治措施 ：

①选择土壤疏松，排水良好，微酸性的苗圃地育苗，忌在前茬作物是蔬菜、马铃薯等地上育苗。

②精耕细作，平整床面，中部应略高，以利排水。施用有机肥要充分腐熟，且多施磷肥和钾肥。

③播前用 50% 托布津可湿性粉剂 800 倍液浸种 10 ～ 30 分钟或用 10% 福尔马林浸种 10 ～ 25 分钟，可收到一定的防治效果。

④当年生幼苗出土后每隔一周喷洒一次 1% 波尔多液或 1% 硫酸亚铁溶液进行预防，交替使用效果更好。

⑤发病初期喷洒 2% ～ 5% 硫酸亚铁溶液（30 分钟后用清水冲洗以防造成药害）进行防治，每 5 ～ 7 天喷洒一次，连续 7 ～ 10 次。若发病严重，可采用 55% 敌可松拌黄土撒施，每亩用量约 1 kg。

⑥两年生苗木可于春季解冻后每隔 10 ～ 15 天喷洒一次 2%硫酸亚铁溶液进行预防。

⑦及时拔除感病苗木，集中销毁，并在病株周围撒石灰消毒或用 5%石灰乳剂浇灌病穴，防止病情扩散蔓延。

（2）地老虎类。地老虎又名切根虫、夜盗蛾。我省发生的有小地老虎、黄地老虎、大地老虎等，是危害严重的一类地下害虫，尤以小地老虎和黄地老虎最为厉害。

综合防治措施：

①加强苗圃管理，及时清除杂草，切断幼虫食料来源，可减轻危害。清除的杂草要及时运出沤肥或烧毁，防止幼虫转移到苗圃危害。

②用 90%敌百虫晶体 25 g，加水 37.5 ～ 50 kg，拌压碎炒熟的豆饼或麦麸 50 kg，傍晚施于苗圃，每亩 2.5 ～ 4 kg，可收到较好的防治效果，但此法一般在大发生时采用。

③ 3 龄前用 20%氰戊聚酯 4 000 倍液或 2.5%溴氰聚酯 1 000 倍液喷雾防治，可收到一定防治效果。

④在幼虫盛发期，用大水漫灌，可杀死大部分初龄幼虫。

⑤成虫羽化盛期，可用黑光灯或糖醋液诱杀。

（3）金龟子类。蛴螬是金龟甲总科幼虫的统称，是地下害虫种类最多、分布最广、危害较重的一个类群。食性杂，危害多种林木幼苗、农作物和牧草，取食根茎，轻则造成缺苗断垄，重则毁种绝收。

综合防治措施：

①苗圃地施用腐熟的厩肥作底肥，可减轻危害。

②苗圃精细管理，中耕除草，破坏蛴螬适生环境或将其杀死。

③冬季深翻土壤，可增加蛴螬死亡率，同时食虫鸟类在土中寻食成虫和幼虫可减少虫害。

③ 11 月前后冬灌或 5 月中上旬适时大水浇灌，均可减轻危害。

④夜出性金龟子大多有趋光性，可设黑光灯诱杀。

⑥将 5%氰戊聚酯稀释 2 000 倍，拌成毒沙，撒施地面，有一定防治效果 。

⑦成虫期用 90%敌百虫晶体 800 ～ 1 000 倍液或 2.5%溴氰聚酯 3 000 倍液喷雾，可有效防治补充营养成虫。

⑧金龟子的天敌很多，如各种益鸟，刺猬、青蛙、蟾蜍、步行虫等都能捕食金龟子的成虫和幼虫，应予以保护和利用。另外寄生蜂、寄生蝇和各种病原微生物也很多，需要进一步研究利用。

（4）金针虫类。金针虫俗称叩头虫，又名铁丝虫、黄夹子虫、金齿耙等。危害松柏类、刺青桐、悬铃木、元宝枫、丁香、海棠等播下的种子，幼芽或刚出土幼苗的嫩茎常造成整片缺苗现象。一般受害苗木主根很少被咬断，被害部位不整齐，呈丝状，是金针虫危害后造成的显著特征。在我省分布的主要有沟金针虫、细胸金针虫、褐纹金针虫等，沟金针虫在陕西关中 3 年完成一个世代，以成虫或幼虫在土壤越冬。成虫白天静伏于土中，晚上活动，雄虫有趋光性，飞翔能力较强，雌虫无后翅，不能飞翔。成虫期一般不危害 。

细胸金针虫在陕西关中 2 年完成一个世代。当年羽化成虫即出土活动取食。褐纹金针虫在陕西关中 3 年完成一个世代。成虫夜伏昼出，以土壤潮湿度、有机质丰富的地块发生较重。金针虫幼虫在土内生活，受土壤温、湿度的影响，随不同季节上下迁移。防治方法参照金龟子类。

（5）蝼蛄类。蝼蛄俗称土狗、拉拉蛄。主要有东方蝼蛄和华北蝼蛄。蝼蛄食性很杂，成虫、若虫均可危害苗木、农作物根部及接近地面的嫩茎，被害部分呈丝状残缺，导致幼苗枯死，并喜食刚播下的种子。成虫、若虫常在表土层钻筑许多隧道，使幼苗根暴露于地面而干枯死亡，造成严重的缺苗现象。

蝼蛄生活史一般较长。东方蝼蛄在陕西 1 年发生一代，华北蝼蛄 3 年完成一代，均以成虫或若虫在土壤 60 ～ 70 cm 深处越冬。蝼蛄在活动盛期，昼伏夜出，夜晚取食危害，有趋光性。

蝼蛄的发生与土壤关系较大，土壤大量施用未腐熟的厩肥、堆肥，易导致蝼蛄发生，受害较重。华北蝼蛄在盐碱地，沙漠地发生较多；东方蝼蛄在低湿和较黏性的土壤发生较多。蝼蛄在地下活动危害，与土壤湿度密切相关，当 10 ～ 20 cm 土温在 16 ～ 20℃、含水量 22%～ 27%时，有利于蝼蛄活动，含水量小于 15%时，活动减弱。所以春秋两季有两个活动高峰期，雨后和灌溉后可使危害加重。

综合防治措施：

①加强苗圃管理，深耕、中耕除草，破坏蝼蛄生存环境或将其杀死。

②利用趋光性习性，进行诱杀，晴朗无风闷热的天气效果最好。

③用 40%乐果乳油 0.5 kg 加水 20 kg，拌小麦或玉米 300 kg；或用 40%乐果乳油 0.5 kg 加水 30 kg，拌高粱 300 kg 进行防治，效果较好 。

④在苗圃步道间，每隔 20 m 左右挖一个小坑，将鲜草放在坑内诱集，加上毒饵（90%敌百虫 50 ～ 100 g 兑 30 倍水，拌炒成半熟的麦麸、豆饼或米糠）5 kg 效果更好，次日清晨集中捕杀。

8. 苗木起运、分级

（1）苗木起苗与分级。拐枣苗应在基本落叶后开始起苗。拐枣是深根性树种，起苗时根系容易损伤，因此，起苗时根系的质量对栽植成活率影响很大，要求在起苗前一周要灌一次透墒水，使苗木吸足水分，而且便于掘苗。要求 1 年生实生苗主根长度在 25 cm 以上，2 ～ 3 年生苗在 30 cm 以上，根幅为苗木地径的 15 倍以上。

苗木掘出后，要对地上部和根系进行适当修剪，地上部分修剪要与整形相结合；地下部分主根受伤处要剪平，侧根过长应短截。同时剪除所有劈裂、折伤和病虫害根，剪口要平，有利于刺激新根的形成，以便形成发达的根群。

苗木起运前要进行分级。拐枣苗木分级的实生苗标准为一级苗地径 1.0 cm 以上，苗高 80 cm，二级苗地径 0.7 cm 以上，苗高 70 cm 以上，苗茎要通直、充分木质化、无失水、无机械损伤以及病虫危害等；苗根的劈裂部分粗度在 0.3 cm 以上时要剪去。将合格苗木蘸浆包扎并放置背风阴凉处或用遮阳网覆盖。

（2）苗木包装和运输。根据苗木运输的要求，按每 20 株或 50 株打成一捆，不同等级的苗木要分别包装打捆，然后装入湿蒲包内，喷上水。填写标签，挂在包装外面明显处，标签上要注明品种、等级、苗龄、数量、起苗日期等。

苗木外运最好在晚秋或早春气温较低时进行。外运的苗木要加强检疫。长途运输时要加盖篷布，途中要及时喷水，防止苗木干燥、发热、发霉和冻害。到达目的地之后，立即将捆打开进行假植。

起苗后不能立即外运或栽植时，都必须进行假植。根据假植时间长短分为：临时假植（短期假植）和越冬假植（长期假植）。临时假植时间短，一般不超过 10 天，只要用湿土埋严根系即可，干燥时及时洒水。越冬假植时间长，必须按操作规程细致进行。可选择地势较高、排水良好、交通方便、不易受人畜危害的地方挖假植沟。沟的方向应与主风向垂直，沟深 1 m，宽 1.5 m，长度依苗木数量而定。

假植时，在沟的一头先垫一些松土，苗木斜放成排，呈 30° ～ 45° ，埋土露梢。然后再放第二排苗，依次排放，使各排苗呈覆瓦状排列。当假植沟内土壤干燥时应及时洒水。土壤结冻前，将土层加厚到 30 ～ 40 cm，春天转暖以后及时检查，以防霉烂。

二、拐枣嫁接苗培育

拐枣自人工栽培以来，都是以实生苗栽植，挂果较迟，嫁接苗可以提早结实，能保持优良遗传性状，宜在生产中予以推广。一般采取切接、插接和芽接法较好。嫁接时期一般在砧木芽萌动前或开始萌动而未展叶时进行，过早则伤口愈合慢且易遭不良气候或病虫损害，过晚则易引起树势衰弱，甚至到冬季死亡。

1. 嫁接前的准备

（1）嫁接枝条采集。选择适应当地生产条件，具备早实、丰产、优质生产健壮的母树，选取生长充实的一年生外围粗壮发育枝或结果枝，在落叶到萌芽前的整个休眠期进行采集，一般结合修剪进行采集，随剪随采，按品种 50 条或 100 条为一捆，并挂上标签。

（2）常规贮藏办法。穗条采回整理后，要及时放在低温保湿的深窖内贮藏，温度要求低于 4℃，湿度达 90% 以上，在窖内贮藏时，应将穗条下半部埋在湿沙中，上半截露在外面，捆与捆之间用湿沙隔离，窖口要盖严，保持窖内冷凉，在贮藏期间要经常检查沙子的温度和窖内的湿度，防止穗条发热霉烂或失水风干。

若无地窖也可在土壤结冻前在冷凉高燥背阴处挖贮藏沟，沟深 1 m，宽 1 m，长度依穗条多少而定。入沟前先在沟内铺 20 cm 的干净河沙（含水量不超过 10%），穗条倾斜摆放沟内，充填河沙至全部埋没，沟面上盖防雨材料。也可将整理好的穗条放入塑料袋中，填入少量锯末、河沙等保湿物，扎紧袋口，置于冷库中贮藏，温度保持在 3 ～ 5℃。其优点是省工、省力。缺点是接穗易失水，影响成活率，所以现在推广使用蜡封接穗。

（3）蜡封接穗。蜡封接穗其目的是：使接穗减少水分的蒸发，保证接穗从嫁接到成活一段时间的生命力。其方法是接穗采集后，按嫁接时所需的长度进行剪截，一般接穗枝段长度为 10 ～ 15 cm，保留 3 个芽以上，顶端具饱满芽，枝条过粗的应稍长些，细的不宜过长。

剪穗时应注意剔除有损伤、腐烂、失水及发育不充实的枝条，并且对结果枝应剪除果痕。封蜡时先将工业石蜡放在较深的容器内加热熔化，待蜡温 95 ～ 102℃时，将剪好的接穗枝段一头迅速在蜡液中蘸一下（时间在 1 秒以内，一般为 0.1

秒），再换另一头速蘸。

要求接穗上不留未蘸蜡的空间，中间部位的蜡层可稍有重叠。注意蜡温不要过低或过高，过低则蜡层厚，易脱落，过高则易烫伤接穗。蜡封接穗要完全凉透后再收集贮存，可放在地窖或山洞中，要保持窖内或山洞内温度及湿度适宜。

2. 嫁接方式

1～3年生幼树嫁接，一般采用苗木嫁接法，嫁接苗开始结果早，能保持品种的优良性状。

3～5年生以上、树冠较大、分枝级次较多的砧木，一般采用多头高接即根据原树冠骨架的枝类分布情况，在较高的部位嫁接较多的枝头，尽可能少地缩小树冠。其特点是：

（1）可充分利用原有树冠骨架，接头多、树冠恢复快，能保持树体上下平衡。

（2）伤口较小，愈合容易，嫁接方法因部位不同而多种多样。

（3）可充分利用树冠内膛，插枝补空，增加结果部位。

（4）嫁接后结果早、产量高，一般嫁接后第二年可恢复甚至超过原树产量，第三年可恢复树冠，获得高产。

对于较大的树，嫁接部位要按照主枝长、侧枝短、主从关系明显的原则，在骨干枝上尽可能多接头，光秃带用腹接补空；除主侧枝头外，其他枝的嫁接部位截留枝长度一般15 cm左右，粗枝稍长，细枝稍短。。

3. 嫁接方法

大田嫁接分为枝接和芽接，枝接的方法有劈接、切接、插皮舌接、插皮接；芽接方法有“T”字形、嵌芽接，拐枣大田嫁接一般主要采用切接、插皮舌接或“T”字形芽接，只要时间适宜和技术措施得当，嫁接成活率可稳定在90%以上。

（1）切接

①适用：切接适用于根茎1～2 cm粗的砧木作地面嫁接。

②接穗削取：将接穗截成长5～8 cm，带有2～3个芽为宜，把接穗削成两个削面，一长一短，长斜面长2～3 cm，在其背面削成长不足1 cm的小斜面，使接穗下面成扁楔形。

③砧木处理：在离地4～6 cm处剪断砧木。选砧木皮厚光滑纹理顺的一侧，用刀在断面皮层内略带木质部的地方垂直切下，深度略短于接穗的长斜面，宽度与接穗直径相等（图3–4）。

图3–4　切接

④接合：把接穗大削面向里，插入砧木切口，务必使接穗与砧木形成层对准靠齐，如果不能两边都对齐，对齐一边亦可。

⑤绑缚：用麻皮或塑料条等扎紧，外涂封蜡，并由下而上覆上湿润松土，高出接穗3～4 cm，勿重压。

（2）插皮接

①适用：用插皮接是枝接中常用的一种方法，多用于高接换头，该法操作简便、迅速，此法必须在砧木芽萌动、离皮的情况下才能用。

②接穗削取：把接穗削成 3 ～ 5 cm 的长削面，如果接穗粗，削面应长些，在长削面的背面削成 1 cm 左右的小削面，使下端削尖，形成一个楔形。接穗留 2 ～ 3 个芽，顶芽要留在大削面对面，接穗削剩的厚度一般在 0.3 ～ 0.5 cm，具体应根据接穗的粗细及树种而定。

③砧木处理：凡砧木直径在 10 cm 以上者都可以进行插皮接，在砧木上选择适宜高度，选择较平滑的部位锯断或剪断，断面要与枝干垂直，截口要用刀削平，以利愈合。

④接合：在削平的砧木口上选一光滑而弧度大的部位，通过皮层划一个比接穗削面稍短一点的纵切口，深达木质部，将树皮用刀向切口两边轻轻挑起，把接穗对准皮层接口中间，长削面对着木质部，在砧木的木质部与皮层之间插入并留白 0.5 cm，然后绑缚（图 3–5）。

（3）“T”字形芽接

先选定 1 年生健壮无病害枝条，用锋利的芽接刀切取盾形芽片，芽片长 1.5 ～ 2 cm，宽 0.6 ～ 1 cm，削时先从芽下 1.5 cm 处向上削，刀要深入木质部，削至超过 0.3 ～ 0.5 cm 处，然后在芽上 0.3 cm 处横切皮层，连接到纵切口。

选取 2 年生的砧木为好，在砧木离地面 5 ～ 10 cm 处平滑的一侧（最好是在背阴面），先横切一刀，而后自上而下竖切，使之成为“T”字形切口，横切口长度不超过砧木直径的 1/2，并与芽片宽度相适应，深度以割断皮层即可，竖口长以装下皮芽为宜。

T 字形切口割好后，随即用刀尾轻轻剥开皮层，从削好芽片的枝条上扭取芽片，使维管束整体带在芽片上，然后妥善插入切口，使芽片的上缘与切口上边密接，再用塑料薄膜带把接口包严。包扎方法：应从芽的上方开始，逐步向下，使芽片的叶柄和芽子外露。

注意事项：

①包扎时注意芽片上缘和切口横边密接，不要因捆扎而移动，芽接后 2 周左右，可检查成活率，叶柄如一触即落，或芽片新鲜说明已成活，如叶柄不易脱落或芽片干枯变色，就不能形成离层，说明芽片已死，未接活的要进行补接。

②芽接苗成活后，要及时解除绑缚物，以利砧木与接穗的生长。

③接苗在早春发芽前，应剪去接芽上方 1 cm 以上处砧木，也可取二次剪砧法，即第 1 次先在接芽上方留一活桩，长约 15 ～ 20 cm，作为绑缚新梢的支柱，待新梢木质化后，再全部剪除，但 2 次剪砧不如 1 次剪砧效果好。

（3）嫁接苗成活的关键

①嫁接操作要快，削面暴露在空气中的时间越长，削面越容易氧化变色而影响分生组织分裂，成活率也越低。

②砧、穗结合部位要绑紧，使砧、穗形成层紧密相接，促进成活。

③嫁接后对结合部位保持一定的温度是形成愈合组织的关键之一。

4. 嫁接时期

一般在砧木芽萌动前或开始萌动而未展叶时进行，过早则伤口愈合慢且易遭不良气候或病虫损害，过晚则易引起树势衰弱，甚至到冬季死亡。实践中，春季嫁接在萌芽前 10 天到萌芽期最为适宜，同时在气温较高、晴朗的天气嫁接成活较好。“T”型芽接一般在 7 ～ 8 月份进行。

5. 嫁接苗管理

从嫁接到完全愈合及萌芽抽枝需 30 ～ 40 天的时间，为保证嫁接苗健壮生长，应加强如下管理：

（1）谨防碰撞

刚接好的苗木接口不甚牢固，最忌碰撞造成的错位或劈裂。应禁止人畜进入，管理时注意勿碰伤苗木。

（2）除萌

接后 20 天左右，砧木上易萌发大量幼芽，应及时抹掉，以免影响接芽萌发和生长。除萌宜早不宜晚，以减少不必要的养分消耗。

（3）剪砧及复绑

芽接时砧木未剪或只剪去一部分。一般芽接后在接芽以上留 1 ～ 2 片复叶剪砧，如果嫁接后有降雨或高温可能时，可暂不剪砧，接后 5 ～ 7 天可剪留 2 ～ 3 片复叶，到接芽新梢长到 10 cm 左右时，再从接芽以上 2 cm 处剪除。此外，有试验表明，芽接后 6 ～ 8 天，另换塑料条复绑，对保证接芽成活和生长有利。

（4）解除绑缚物

嫁接后，要及时检查成活情况，解除绑缚物。一般枝接需在 20 ～ 30 天后才能看出是否成活。成活后应选方向位置较好，生长健壮的上部一枝延长生长，其余去掉。未成活的应从根蘖中选一壮枝保留，其余剪除，使其健壮生长，留作第二年春季进行补接。

（5）绑支柱防风折

接芽萌发后生长迅速，枝嫩复叶多，易遭风折。因此，必要时可在新梢长到 20 cm 时，在旁插一根木棍，用绳将新梢和木棍按“∞”形绑结，起固定新梢和防止风折的作用。

（6）加强肥水管理和病虫害防治

拐枣嫁接之后 2 周内禁忌灌水施肥，当新梢长到 10 cm 以上时应及时追肥浇水，也可将追肥、灌水与松土除草结合起来进行。在 6 ～ 7 月追肥 1 ～ 2 次，可每亩撒施尿素 10 ～ 15 kg，追肥后及时灌水，也可用 0.3% ～ 0.5% 尿素溶液进行叶面喷施。为使苗木充实健壮，秋季应适当控制浇水和施氮肥，适当增加磷、钾肥。此外，苗木在新梢生长期易遭食叶害虫危害，要及时检查，注意防治。具体虫害及防治方法同“播种苗苗木管理”。

第四章　拐枣建园

一、园地选择

1. 土壤选择

拐枣喜光，属深根性树种，抗旱、耐寒，耐贫瘠，适应性较强，对土壤要求不严，但以土壤疏松、土层深厚、潮湿的砂壤土最佳。

2. 地形地势

在海拔300～700 m以下的平地、丘陵、浅山区均可建园。坡向以阳坡为佳，光照太差、排水不畅的低洼地不宜栽植。

3. 园地规划

要求县（区）、镇、村公路相连，园间道路相通，道路设计要考虑地形、坡降，应与水土保持工程相结合。平地及坡度在15°以下的缓坡地，行向应该南北走向，以利采光；坡度在15°～25°的山地、丘陵地，行向应沿等高线走向；园区有必要的排灌和蓄水、附属建筑等设施。

二、种植穴配置

栽植密度应根据栽植地土质条件确定，一般株行距4 m×5 m或5 m×6 m，每亩26～33株；土壤瘠薄、坡度15°以上的坡地亩栽33株，平地肥沃的地块亩栽植22株，种植穴的配置以“品”字形较好。

行向与地形、坡向、立地条件等因素有关系。对于拐枣树来说，要讲究通风透光的效率。俗话说无水不长树，无光不结果，无风病害多。

果树通过光合作用制造养分，对阳光需求很高。我国处于北半球，阳光从南方照射下来。因此采用南北行的话，树行之间不会产生遮挡，有利于拐枣树各个部位的采光，能让每个部位在每天的特定时间都能接受阳光的照射。

同时，树体之间密闭，通风情况差的话，会引发病虫害的爆发，我国以东北风和西南风为主，南北行同样有利于行间的通风，降低病虫害的发生。

当光照充足时，光合作用好，有利于各种营养的制造，所以南北行种植对拐枣产量和品质的提升有很大的帮助。

因此，坡地选择行与等高线平行，上下自然错落不影响光照，平缓地应按行为南北向布置，避免因拐枣树之间相互遮阴，能更多地接受光照。

三、整地

栽植前 1 ～ 2 个月开始，进行穴状整地，对于坡度低于 25° 的地块，按长 × 宽 × 深（60 cm × 60 cm × 50 cm）穴状规格整地；对于坡度大于 25° 的地块，按长 × 宽 × 深（60 cm × 40 cm × 50 cm）鱼鳞坑规格整地。将表土和心土分层进行堆放，让心土充分风化，达到松软、细碎，以提高成活率。

有条件的地方，在栽植前 1 ～ 2 个月将腐熟的有机肥填埋到挖好的栽植穴内 40 厘米处，然后盖上表土 10 厘米，使腐殖质和表土充分接触落实不出现空隙。在栽植前夕，要对整地情况进行检查，不合格的要及时返工，达到合格一块、栽植一块，确保整地质量达标。

四、栽植

1. 品种选择

在陕南秦巴山区主要有红拐枣、绿拐枣、白拐枣、胖娃娃和柴拐枣（多为野生）等 5 种，以红拐枣、胖娃娃拐枣品质较好、产量高。

2. 栽植时间

春、秋两季均可栽植，以秋季栽植成活率高，秋栽苗木能提前生根发芽，造林时间长，春栽气温回升快，造林时间短，易受春干和伏旱影响成活。拐枣幼苗叶变黄开始落叶后栽植，时间 11 月上旬至 12 月上旬。

3. 苗木质量

选择 1 年生或 2 年生木质化程度高的优质苗木，地径大于 0.7 cm，苗高 70 cm 以上，生长健壮，根系完整的苗木。

4. 栽植方法

栽植时应当对幼苗进行修剪，对苗木的主根适度修剪保留长度 15 ～ 20 cm，修剪起苗损伤根系，主干按 70 cm 定干。栽植方法“三埋两踩一提苗”。这种栽植方法包括三次埋土、两次踩实以及一次将苗木向上提起的过程。具体栽植技术要点如下：

第一步不是先放树苗，而是先将基肥放在树坑的最下层，然后将表土打碎，与肥料拌匀，然后再盖一层表土，这样树苗的根部不直接接触肥料，又为根部提供了向下生长、扩展舒张的良好条件，这是第一“埋”，埋的是肥料和表土。接着放入树苗。树苗放入后进行第二埋，就是培入心土，在培土到一半时，暂停培土，将树苗稍微向上提一下，这叫“一提苗”，目的是防止树苗窝根，影响成活和生长。提苗后，不要立即埋土，这时要将已埋的土向下踩实，目的是使树苗的须根与土壤紧密接触，尽快吸收水分和营养元素，以便扎根生长，有利于树木的成活和生长。接着进行第三埋，就是将剩下的心土埋入，一直埋到与地面平齐，进行第二次踩实，目的是使树苗树干挺直，也使树苗与土壤紧密结合，以防被风吹斜。注意不要栽得过深，栽植深度与苗木原土痕齐平或稍深 1 cm。在树周围用土围成土堰，便于浇水，坡地在下方用土堵成台田，可以起到蓄积雨水的作用。浇足定根水后，待水全部渗透，再用细土覆盖保墒。

生产上应推广“地膜覆盖套袋技术”，即栽后用 60 ~ 100 cm 见方的地膜进行覆盖，四周的地膜用泥土压实，四周高中间低，使之呈“锅底”形，有利于苗木的保温、积水、保墒，同时避免苗木四周长出杂草，树苗用薄膜套袋，下口用土培严或丝绳绑扎防止风吹破套袋，以提高成活率。

5. 补植

栽植 1 年后进行全面检查，对未成活的苗木及时补植，补植的苗木要注意选择枝条健壮、无病虫害的苗木，苗木规格要与周边苗木的规格相统一协调，最好是两年生苗，这样与初植苗木在后期生长差异不大，园相整齐。

第五章 拐枣园管理

一、土壤管理

拐枣园的土壤管理是栽培管理中的一个重要环节，因树体的年龄不同，其管理的侧重点亦有别。

幼龄拐枣园，尤其是定植后的五六年内，为了促使幼树生长发育，应及时除草和松土。

1. 扩盘深翻

扩盘深翻又叫放树窝子。幼树定植 2 ～ 3 年后，逐年向外深翻扩大栽植穴，直至株间全部翻遍为止，适合劳力少的拐枣园。由于每次只深翻很小一部分，一般需 3 ～ 4 年才能完成全园深翻。每次深翻时应结合施入腐烂的烂柴烂草等粗质有机肥料。

有些农民存在重栽轻管现象，不愿意在见效前投入较多的劳力和物力，任其自然生长，认为“有苗不愁长”致使拐枣园迟迟不能见效，往往过几年后，地里只见荒草而找不见树苗。因此，一定要做到“三分栽，七分管”，尤其是幼树期，要给予充足的营养和管理，促进生长扩大冠幅。

2. 松土与除草

杂草具有极强的生命力，不仅和拐枣树争水争肥，而且易为病虫害创造有利的生存环境。而拐枣树最怕草荒，要获得高产稳产，在生产管理中要及时的进行中耕除草，一般每年需除草 4 ～ 8 次。另外，对土壤进行耕作，增加土壤透气性和保墒能力，防止土壤板结。最好做到“有草必锄，雨后必锄，浇后必锄”。

3. 间作

幼园间作不仅可以得到一定的收入，补偿早期投入，而且，间作物在得到管理的同时，拐枣树也得到了土肥管理，拐枣树生长往往很好。因此一定要加强土壤管理，保证拐枣树正常生长。

幼树期间作豆类、薯类、瓜类、蔬菜类效果较好；但不能间作套种小麦、油菜、玉米、黄姜等，高秆作物与拐枣在干旱季节争水争肥严重；同时在高温天气通风不良时也会对拐枣树“烘烤”，严重影响拐枣树的生长。。

土壤翻耕熟化是改良土壤的重要措施之一，翻耕可以熟化土壤，改良土壤结构，提高保水保肥能力，减少病虫，进而达到增强树势、提高产量的目的。尤其是盛果期大树，其根系交错密布，伸展面积大，从早期开始并连年翻耕，可使水平分布的侧根在深土层发育，如不及时翻耕，会造成土壤通气不良，理化性质恶化，从而影响根系的正常生长，导致树势衰弱，产量下降。

二、施肥

1. 肥料的作用

（1）无机肥的作用

拐枣树在生长发育过程中除了通过光合作用积累有机物外，还需要通过施肥补充各种植物生长营养元素，各种植物生长元素的作用分别是：

①氮。是植物生长的必需养分，它是每个活细胞的组成部分。植物需要大量氮。氮素对植物生长发育的影响是十分明显的。当氮素充足时，植物可合成较多的蛋白质，促进细胞的分裂和增长，因此，植物叶面积增长快，能有更多的叶面积用来进行光合作用。

②磷。磷在植物体中的含量仅次于氮和钾，一般在种子中含量较高。磷是植物体内核酸、蛋白质和酶等多种重要化合物的组成元素。磷对植物营养有重要的作用。植物体内几乎许多重要的有机化合物都含有磷。磷能促进早期根系的形成和生长，提高植物适应外界环境条件的能力，有助于植物抵抗冬天的严寒。

③钾。钾是植物的主要营养元素，同时也是土壤中常因供应不足而影响作物产量的三要素之一。钾在植物代谢活跃的器官和组织中分布量较高，具有保证各种代谢过程的顺利进行、促进植物生长、增强抗病虫害和抗倒伏能力等功能。钾能明显地提高植物对氮的吸收和利用，并很快转化为蛋白质。

（2）有机肥的作用

①改良土壤、培肥地力。有机肥料施入土壤后，有机质能有效地改善土壤理化状况和生物特性，熟化土壤，增强土壤的保肥供肥能力和缓冲能力，为作物的生长创造良好的土壤条件。

②增加产量、提高品质。有机肥料含有丰富的有机物和各种营养元素，能为农作物提供营养。有机肥腐解后，为土壤微生物活动提供了能量和养料，促进了微生物活动，加速了有机质分解，产生的活性物质等能促进作物的生长和提高农产品的品质。

③提高肥料的利用率。有机肥所含的营养元素多但含量相对较低，释放缓慢，而无机肥单位养分含量高，成分少，释放快。两者合理配合使用，相互补充，有机质分解产生的有机酸还能促进土壤和化肥中矿质养分的溶解。有机肥与无机肥相互促进，有利于作物吸收并提高肥料的利用率。

2. 施肥时期和施肥量

施肥方式有基肥和追肥。基肥的施入时期应在秋季进行，肥料以有机肥为主，以早施效果为好。有条件的地方在果实采收后到落叶前完成，此时土温高，不但有利于伤根的愈合和新根的形成与生长，也有利于农家肥的分解与吸收。这对提高树体营养水平，促进翌年花芽的继续分化和生长发育均有明显效果。

追肥是对基肥的一种补充，主要是在树体生长期施入，以速效性无机肥料为主，如尿素、硫酸铵、碳酸氢铵以及复合肥等。追肥一般每年进行 2 ～ 3 次，第一次追肥在拐枣树开花前或展叶初期进行，以氮肥为主，主要作用是促进开花坐果和新梢生长，施肥量应占全年追肥量的 50%；第二次追肥在幼果发育期，盛果期树可追施氮磷钾复合肥，其主要作用是促进果实发育，减少落果、促进新梢生长和木质化，追肥量占全年追肥量的 30%；第三次追肥在果实膨大期（8 月），以复合肥为主偏重磷钾肥，主要作用是供给果实发育所需的养分，促进枝条充实饱满及花芽分化，此时追肥量占全年追肥量的 20%。单株施肥量具体参考表 5-1。

叶面追肥：可快速高效补充树体急需的营养元素。一般叶面追肥在生长季节可喷尿素、硼肥、磷酸二氢钾，浓度 0.2% ～ 0.5%，不能过高，高了容易发生烧叶。

表 5-1　拐枣树不同时期施肥量

时期	树龄（年）	每株树平均施肥量（有效成分）（g）			有机肥（kg）
		氮	磷	钾	
幼树期	1 ～ 3	50	20	20	2
	4 ～ 6	100	40	50	5
结果初期	7 ～ 10	200	100	100	10
	11 ～ 15	400	200	200	20
盛果期	16 ～ 20	500	300	300	25
	21 ～ 30	600	400	400	30
	＞ 30	700	600	600	＞ 40

三、施肥方法

1. 环状沟施肥

常用于 5 年生以下的幼树，施肥方法是：在主干至树冠垂直投影外缘的三分之二处挖一条深 30 ～ 40 cm，宽 40 ～ 50 cm 的环状施肥沟（图 5-1），将肥料均匀施入，一般平缓坡地挖环状施肥沟，陡坡地在树周的上部位置挖施肥穴或半圆施肥沟，基肥可深，追肥可稍浅（磷肥深氮肥浅），

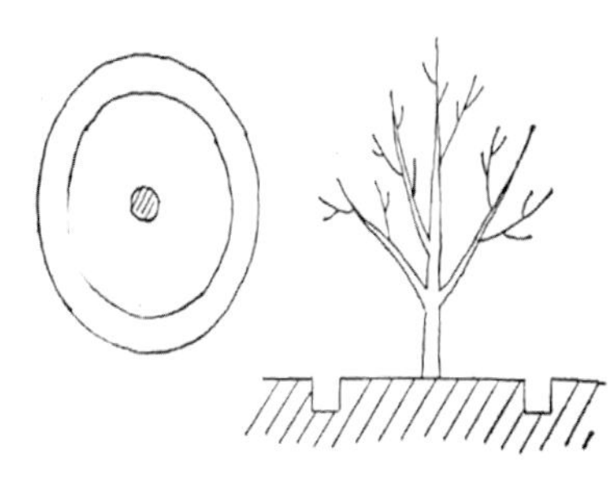

图 5-1　环状沟施肥

施肥时把肥料撒入施肥沟(穴),与土壤充分拌匀后用土遮盖,施肥沟的位置应随树冠的扩大逐年向外扩展。此方法也可用于大树施基肥,缺点是用工量比较大。

2. 放射沟施肥

常用6年以上大树的施肥方法,可以节省劳力。具体做法是:从树冠边缘不同方位开始,向树干方向挖4～8条放射状的施肥沟(图5–2),沟的长短视树冠大小而定,通常1～2 m,沟宽40～50 cm,深度依施肥种类及数量而定,不同年份的施肥沟的位置要变动错开,并随树冠的扩大而逐渐外移。

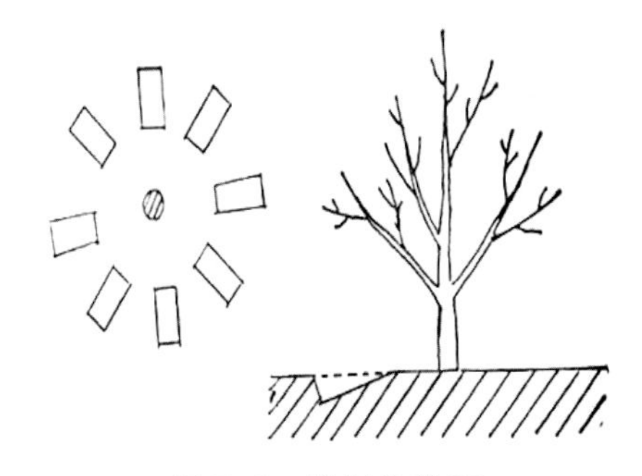

图5–2　放射沟施肥

施肥一般在主干至树冠垂直投影外缘的三分之二处挖穴(沟)施入,采用挖放射沟或条沟、环状沟施入,平地挖环状施肥沟,坡地在树的上部位置挖施肥穴,基肥深度一般30 cm左右,追肥可稍浅,施肥时把肥料撒入施肥沟(穴),与土壤充分拌匀后用土遮盖。此方法施肥较深,利于肥料的吸收利用,同时也可对土壤进行深翻,增加土壤的通透性。

3. 穴状施肥

多用于追肥。具体做法是,以树干为中心,从树冠半径的1/2处开始挖若干小穴,穴的分布要均匀,将肥料施入穴中埋好即可(图5–3)。亦可在树冠边缘至树冠半径的1/2处的施肥圈内,在各个方位挖成若干不规则的施肥小穴,施入肥料后埋土。

4. 条状沟施肥

适用于成年树。具体做法是，于行间或株间，分别在树冠相对的两侧沿树冠投影边缘挖成两条沟，从树冠边缘向内挖，沟宽 40 ～ 50 cm，长度视树冠大小而定，一般 2 ～ 3 m，或者沿行间挖长沟，深度视肥料数量和种类而定，一般见毛细根为宜（图 5-4）。该方法用工量大，适应于平缓机械开沟。

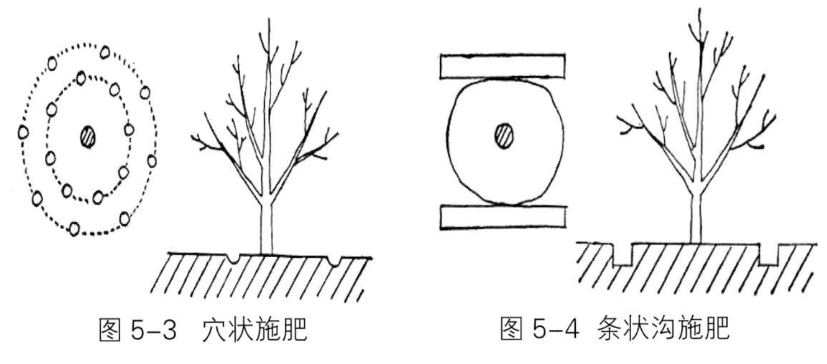

图 5-3 穴状施肥　　图 5-4 条状沟施肥

5. 全园撒施

主要用于大树追肥。做法是先将肥料均匀撒入全园，然后浅翻。此方法简便易行，但缺点是施肥过浅，经常撒施会把根系引向土壤表层。

第六章　拐枣树整形修剪

传统的拐枣种植，只要密度合理，自然成形的能力都较强，分枝早，自然整形较好，当年就能形成分枝，且分枝低；栽植密度大时，高生长较强，分枝高，侧枝少，结果重心上移，结果迟，产量低，不便管理。因此拐枣栽植密度不宜大，土地条件好的稍稀，立地条件差的稍密。为提早结果，实现高产稳产，要培养矮化紧凑树形，就是树冠低矮主侧枝短小，可以减少树冠高大结果外移，造成树体养分无效消耗。

一、整形修剪的概念

整形修剪是两个概念，整形（整枝）：广义的整形是根据果树生长发育的内在规律和外界条件，综合运用修剪技术，把果树培养成具有丰产、稳产、优质树体结构和群体结构的树形。狭义的整形：应用修剪技术，使果树的骨干枝和树冠形成一定结构和形状。

修剪：广义的修剪包括整形。就是整形技术，是指运用工具或以撑、拉、伤、变等手段，控制枝条的长势、方位及数量，形成一定的形状，达到维持良好的生长与结果的相互协调。不仅指剪枝（梢），还包括根系修剪、外科手术和化控技术等。整形与修剪是不可分的。

狭义的修剪是指剪枝。果树在一年或一生的生长发育过程中，存在着很多矛盾，如生长与结果、生长结果与衰老更新、地上与地下、产量和质量、个体与群体等。从树体内部代谢来看，存在着同化与异化、消耗与积累、集中与分配等矛盾。树体外部，树体与环境（光、温、湿、通风、微域小气候等）、栽培技术之间的协调等。这些矛盾和问题解决的好坏，直接影响栽培的成败，整形修剪作为一项栽培技术措施，主要承担着解决、协调这些问题的作用。

但是，不能把修剪神话。修剪只是起到调节、控制、促进的作用，修剪必须在其他农业技术措施（土肥水、病虫防治、花果管理等）的基础上，因时、因地、因材（树种、品种），合理运用，才能获得较佳效果。

二、整形修剪的作用

修剪有利于枝条的分布协调美观，而且还促进拐枣树的光照条件、调配养分等，有利于促进拐枣早产、丰收、延长寿命等，所以，适时地进行拐枣树修剪对树的成长具有重要作用。

1. 树形结构合理、骨架牢固

如果拐枣树在生长的过程中，任由其生长，拐枣树的树体必然会高大，树的枝叶过多、繁密，而且结果数量少，而且质量差，根本就不会产生什么经济效果。但是通过整形修剪，可以使果树的培养结构合理，使树干骨架牢固，使树形层次分明。

2. 延长树的寿命，增加产量

在修剪的过程中能明确结果枝，促进果枝开花结果，而且还使一些脆弱的树枝变得茂盛，提高了结果能力，延长了结果寿命。在修剪后，使果树的结果枝之间层次分明，更好地接受光照，使结果部位增加，提高了产量，对幼树可以促进其提前结果。

3. 控制大小年的发生

可以调节生长与结果的关系，控制叶与果的比例，从而调节控制大小年的发生，保证每年的产量都比较稳定。

4. 便于生产管理

进行适时的修剪可以控制树的生长高度，使所有的拐枣树的树形基本一致，减轻风害，有利于合理密植，提高单位面积产量，也便于进行施肥、灌水、喷药等管理工作，节省人力，提高工作效率。

三、整形

拐枣幼树一般 5 ～ 6 年开始结果，顶端优势强，幼树高生长量比较大，易发生旺长，自然生长层性不明显，分布较乱，不耐修剪，不像核桃、苹果、桃、樱桃等比较好整形，因此拐枣树整形基本原则是“以轻为主，轻重结合，因树制宜”，这就是说修剪量和修剪程度总体要轻，其在盛果期以前，修剪应做到“抑强扶弱、正确促控、合理用光、枝组健壮、高产优质”，以控制树势为主。轻剪固然有利于生长，缓和树势和结果，但为了骨架的建造，又必须对部分延长枝和辅养枝进行适当控制。轻重结合的具体运用，能有效地促进幼树向初果期，初果向盛果期的转化，也有利于复壮树势，延长结果年限。

拐枣树形培养要根据拐枣的生长特点并结合立地条件选择，一般有主干形、自然圆头形、疏散分层形。

1. 主干形

这种树形多是自然树形经过稍微修剪形成的，定干 70 cm，分生主枝在当年新发延长枝上分生（若不定干下层分枝较高），各主枝在中心干上不分层或分层不明显，树冠较高。具有中心主干，在中心主干上一般留主枝 5 ～ 7 个后落头，高度一般控制在 5 ～ 6 m，各主枝分层向四周生长，形成锥形树冠（图 6–1）。

要把主干上的枝拉到水平或微下垂形状。水平或微下垂的枝易形成花芽结果，投产较快。

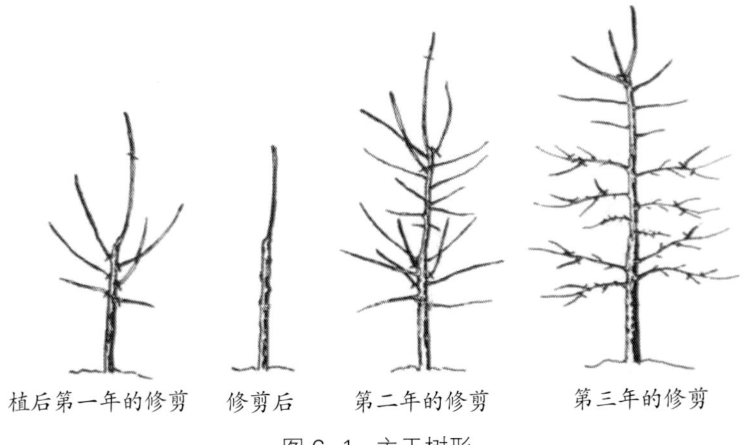

图 6–1　主干树形

优点：

主枝分生较为自由，光线易于透过，成形比较容易，适用于坡度大或坡地台田。

缺点：

（1）存在光照问题

上边见光，下边不见光；南边见光，北边不见光；外边见光，里边不见光。不见光的部位光秃、品质差。

（2）树势不好把握

一是需要经常拉枝、扭枝，否则容易发生满树直立旺枝；

二是树体上强下弱、下部光秃，结果部位上移，树体衰老快。

2. 疏散分层形

一般冠幅高 2.5 m 左右，有 4 ～ 5 个主枝，分 2 ～ 3 层配置或交错成螺旋状分布在主干上（图 6–2）。第一步，定干当年或第二年在定干高度以上选留 3 个不同方向且生长健壮的枝条作为第一层主枝，主枝基角不小于 60°（采用拉枝法），层内两主枝间的距离不小于 10 cm，可在一年或两年内完成。第一层确定后，除保留中央领导干延长枝的顶枝或芽外，其余枝、芽全部除掉。第二步，在主干延长枝上已出现壮枝时，开始选留第二层主枝，一般选 2 ～ 3 个，同时开

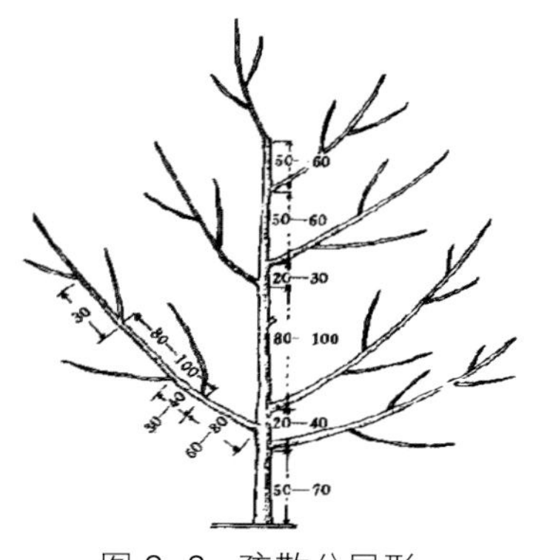

图 6–2　疏散分层形

图 6–3　拐枣疏散分层树形

始在第一层主枝上合适位置选留侧枝，第一侧枝距主枝基部的距离为 70 ～ 80 cm。一级侧枝的数量为 2 ～ 3 个，部位是主枝两侧向斜上方生长的枝条。各主枝间的侧枝方向要互相错开，避免重叠和交叉。如果只留两层主枝。则第一与第二层间的间距要加大，在 0.8 m 左右。第三层一般选 1 ～ 2 个，各层主枝方向要错开，选好第三层主枝后，在其上方适当部位将主干落头开心，整个高度控制在 2.3 ～ 2.5 m，壮树落头后在剪口下部易萌发徒长枝，抽生强壮的在夏季采取扭梢削弱生长后在冬季剪除。细弱的应及时抹除，第三步，第四年，继续培养第一层主、侧枝和选留第二层主枝上的侧枝。第四步，第五年，继续培养各层主枝上的侧枝。由于第二层与第三层间的层间距要求大一些，可延迟选留第三层主枝。如果只留两层主枝，第二层主枝为 2 ～ 3 个，则两层主枝的层间距要在 1.5 m 左右。并从最上一个主枝的上方落头开心。至此，主干形树冠骨架基本形成（图 6–3）。在选留和培养主、侧枝的过程中，要注意促其增加分枝，以培养结果枝。还要经常注意非目的性枝条对树形成的干扰，及时剪除主干、主枝、侧枝上的萌蘖枝、密生枝、重叠枝、细弱枝、病虫枝等。

优点：适合拐枣干性强的特点，成形后树冠呈半圆形，通风透光良好，整形自然，修剪量少，成形快，骨干牢固产量高，丰产稳产，负载量大，寿命长。适于立地条件较好、坡度较小的地域。

缺点：盛果期后，控制不当易造成外强内弱，结果部位外移。

3. 自然圆头形

干高 60 ～ 80 cm，有明显的中心干，主枝自然分层。

基部着生 3 ～ 4 个主枝，构成第一层。层间距离一般为 60 ～ 80 cm，主干上主枝自然分散着生，上下互不重叠，树冠叶幕呈圆头形。

优点：顺其自然，修剪量轻，成形快，结果早，对幼树早期丰产有利。

缺点：进入盛果期后，常造成树冠郁闭，内膛结果枝枯死，结果部位外移，到后期要常采取去掉部分大枝的办法，解决光照问题。

综上所述，根据拐枣生长干性强，喜光、顶端优势明显的习性，在选择树形时应考虑拐枣的生长特性，同时与不同的地形和立地条件相结合，一般陡坡地、台田选择主干形，平缓地选择疏散分层形，分散种植采用自然圆头形。

四、修剪

修剪原则：拐枣树当年新生侧枝一般纤细，柔软下垂，枝量少，冬季有自剪现象，顶部枝条会形成离层自然脱落，所以在修剪时 “以轻为主，因树制宜”这就是说修剪量和修剪程度总的要轻，尤其在盛果期以前，修剪应做到“抑强扶弱、正确促控、合理用光、枝组健壮、高产优质”。轻剪固然有利于生长，缓和树势和结果，但为了骨架的建造，又必须对部分延长枝和辅养枝进行适当控制，轻重结合的具体运用，能有效地促进幼树向初果期，初果期向盛果期的转化，也有利于复壮树势，延长结果年限。

修剪时间：一般休眠期修剪，落叶后到萌动前修剪。生长季节一般不动剪，采用扭梢、抹芽、摘心、除萌等方法。前三年要求长放，轻剪多抹芽摘心。长放是指修剪时每根枝条都要少剪枝，多留枝，以便迅速形成树冠。第五年进入初果期后，要经常疏除过细弱枝、病虫枝、下垂枝、背上枝、重叠枝、枯枝和内膛的徒长枝。另外，在每年的夏季，要经常抹芽和摘心。抹芽是除去不必要的萌芽和嫩梢，在 4 月份对不合理部位萌发的芽应进行抹芽除萌，5 月份对生长的旺枝进行摘心、扭梢，对不合适的徒长枝在萌生初期应及早处理，以减少消耗，防止扰乱树形。剪口锯口附近和粗枝弯曲处萌生的嫩梢，除留作补空的枝条外，其余的也应及时抹除。摘心是摘除新梢顶端幼嫩的部分，可以控制延长枝的生长，促进它多发分枝，当新发嫩梢长到 30 ～ 40 cm 时摘心。新栽幼树和更新的老树，可以利用夏季摘心增加枝条级次，提早成形。除了选择可以利用的枝条外，对树冠内的过密枝、芽应当全部抹除。8 月中下旬枝条停止生长后，对影响光照的枝条进行修剪，打开光路，增强光合作用，利于花芽分化，枝条生长充实健壮，同时对生长旺盛起到消弱作用。修剪时要去弱留强、去密留稀，对弱树重剪旺树轻剪，平衡树势，过旺过弱对产量都有影响，树势中庸才有利于结果。休眠期修剪主要是对生长的过长枝采取短截、过密的进行疏剪，大树外围枝条进行回缩，避免结果外移。

五、拉枝技术

拉枝能够增加拐枣树的采光、通风性、调整树形、促进营养生长向生殖生长转化，提高坐果量，主要用于标准园或示范园。

1. 拉枝的作用

进行拉枝能够促使拐枣树枝条接受均匀的光照，尤其是树枝基部，如果不进行拉枝，树枝基部是很少接受到光照的，这就容易导致花芽分化较晚。并且树形生长随意，不符合集约种植的要求。合理的拉枝能够及时调整拐枣树生长情况，抑制营养生长，有利于光合作用，提早结果。

2. 拉枝的时间

拉枝需要掌握好时间进行，一般在春季萌芽前或初秋枝条半木质化时进行拉枝。此时的果树枝条还比较柔软，可塑性比较强。如果在冬季拉枝，树枝比较脆，容易出现树枝断裂,夏季生长旺盛,拉枝后易萌发新的枝条,拉枝效果不明显。春末和秋初两个时间段当中以秋初拉枝更加好一些，因为秋初进行拉枝有利于积累营养，促进花芽分化。

3. 拉枝方法

拉枝的技术要求相对来说还是比较高的，所以这需要一定的经验积累。需要根据树的树龄，进行拉枝。一般在树龄达到 2 ～ 3 年的时候进行主枝和侧枝的拉枝，因为此时的拐枣树高度比较适宜，并且不会影响拐枣树的树冠形成，也有利于结果。

另外拉枝的角度处理也很重要，需要根据拐枣树的生长情况进行拉枝，形成上下错落有致的效果，让枝条均匀地接受光照。树冠越小，拉枝过程中主干枝开张角度应该越大。

4. 拉枝应注意问题

（1）拐枣枝条比较硬脆，拉枝方法不当容易劈裂或折断，造成树体损伤，因此，应先用手拿软枝条基部，然后再行牵拉。

（2）注意调节主枝树冠空间的方位，使主枝均匀分布。

（3）拉绳要系在着力点上，并随时进行调整，避免出现弓腰和前端上翘。

（4）拉绳扣要系成拴马扣，不要紧勒枝干，以免造成绞结。

拉枝是管理当中非常重要的一环，合理的拉枝，不但可以使拐枣树快速成形，建立良好的骨架结构，而且有利于分散枝条极性，调节枝条势力，使枝条快速达到平衡稳定、成花结果。拐枣树主要是对分枝角度小的主枝进行拉枝，拉后的主枝与主干角度大于 60° 以上就可以 。错误的拉枝方法往往会造成很大的影响，一些枝甚至失去了利用价值，成为废枝。

错误一：主枝基部角度没有拉开　由于主枝夹角太小，必然造成主枝过旺生长，加粗太快，和中央领导干形成竞争关系，不易稳定成花，扰乱树形，破坏树势平衡。所以说拉枝一定要从基部拉开。

错误二：主枝中部拉成弓形　拉成弓形的枝，必然形成中间强两头弱，中间弓背处大量抽条现象，营养生长难以控制，不能稳定成花；由于位置偏低，营养被弓背处旺长枝条吸走，在枝条的梢部和基部营养水平很低，枝条严重虚弱，不能形成花芽。所以说，拉枝一定要使枝条本身平直，不能弯弓。

错误三：主枝上的小枝拉枝方法不对　这些小枝拉枝最主要的作用是使它们有个合理的空间分布，以最大程度地利用光照、保证通风进行光合作用，将众多的枝条绑在一起，是犯了严重的错误，违背了拉枝的初衷，不但影响枝条的光合作用，还影响枝条自身的营养积累，难以成花结果，同时为一些病虫害发生创造了有利条件。同时，对于较粗的背上枝，必须从基部拉下，不能从中部打弯再拉下。

第七章　病虫害防治

拐枣生命力比较强、抗病性能好，零星分布拐枣树病虫害较少，规模连片栽植病虫害稍多。常见病虫害有叶枯病、炭疽病，虫害主要有叶甲、刺蛾类、飞虱、蚜虫、红蜘蛛、桃蛀螟和天牛。

一、主要病害及防治

1. 叶枯病

叶枯病多从叶缘、叶尖浸染发生，病斑由小到大不规则状，红褐色至灰褐色，病斑连片成大枯斑，干枯面积达叶片的 1/3 ～ 1/2，病斑边缘有一较病斑深的带；病斑与正常部分界限明显。常见于植物之中，该病在 7 ～ 10 月份均可发生。植株下部叶片发病重。高温多湿、通风不良均有利于病害的发生。植株生长势弱的发病较严重（图 7–1）。

图 7–1　拐枣叶枯病状

（1）症状：后期在病斑上产生一些黑色小粒点。病叶初期先变黄，黄色部分逐渐变褐色坏死。由局部扩展到整个叶脉，呈现褐色至红褐色的叶缘病斑，病斑边缘波状，颜色较深。病健交界明显，其外缘有时还有宽窄不等的黄色浅带，随后，病斑逐渐向叶基部延伸，直至整个叶片变为褐色至灰褐色。随后在病叶背面或正面出现黑色绒毛状物或黑色小点。

（2）防治方法

①秋季彻底清除病落叶，并集中烧毁，减少翌年的浸染来源。

②加强栽培管理，控制病害的发生。栽植地要排水良好，土壤肥沃，增施有机肥料及磷、钾肥。控制栽植密度，使其通风透光，降低叶面湿度，减少侵染机会。改喷浇为滴灌或流水浇灌，减少病菌的传播。

③生长季节在发病严重的区域，从 6 月下旬发病初期到 10 月间，每隔 7 天左右喷 1 次药，连喷 3 次可有效地予以防治。常用药剂有 1 : 1 : 100 倍的波尔多液、50% 托布津 500 ～ 800 倍液、50% 多菌灵可湿性粉剂 1 000 倍（或 40% 胶悬剂 600 ～ 800 倍）、50% 苯莱特 1 000 ～ 1 500 倍、65% 代森锌 500 倍液等，可供选用或交替使用。

2. 炭疽病

炭疽病是园林植物经常发生的一大类病害，主要危害植物的叶片，有时也危害茎和嫩枝。危害严重时，不仅降低植物观赏价值，甚至还引起植株死亡。此病由于有潜伏侵染的特征，早期一般不易被发现。因此，有时常常会失去早期防治机会，造成一定损失。

（1）危害症状

炭疽病主要发生在植物叶片上，常常危害叶缘和叶尖，严重时，使大半叶片枯黑死亡。发病初期在叶片上呈现圆形、椭圆形红褐色小斑点，后期扩展成深褐色圆形病斑，大小为

1 至 4 mm，中央则由灰褐色转为灰白色，而边缘则呈紫褐色或暗绿色，有时边缘有黄晕，最后病斑转为黑褐色，并产生轮纹状排列的小黑点，即病菌的分生孢子盘。在潮湿条件下病斑上有粉红色的黏孢子团。严重时一个叶片上有十多个至数十个病斑，后期病斑穿孔，病斑多时融合成片导致叶片干枯。病斑可形成穿孔，病叶易脱落。

炭疽病发生在茎上时产生圆形或近圆形的病斑，呈淡褐色，其上生有轮纹状排列的黑色小点。发生在嫩梢上的病斑为椭圆形的溃疡斑，边缘稍隆起。

（2）病原菌

炭疽病的病原菌因树种不同，其病原菌有所不同。主要由半知菌亚门、腔孢纲、黑盘孢目、炭疽菌属（*Colletotrichum*）中的真菌引起，主要有 3 种胶孢炭疽菌（*Colletotrichum gloeosporioides*）、梭孢炭疽菌（*C.acutatum*）和壳皮炭疽菌（*C.crassipies*）。林木中大多数重要的炭疽病都是由胶孢炭疽菌引起的。譬如我国发生较为严重的杉木炭疽病、油茶炭疽病、泡桐炭疽病、杨树炭疽病和核桃炭疽病等有性阶段为子囊菌亚门、核菌纲、球壳目、小丛壳属真菌，围小丛壳等等。

（3）发生规律

病菌以菌丝体、分生孢子或分生孢子盘在寄主残体或土壤中越冬，老叶从 4 月初开始发病，5 至 6 月间迅速发展，新叶则从 8 月份开始发病。分生孢子靠风雨、浇水等传播，多从伤口处侵染。栽植过密、通风不良、室内花卉放置过密、叶子相互交叉易感病。病菌生长适温为 26 ～ 28℃，分生孢子产生最适温度为 28 ～ 30℃，适宜 pH 为 5 至 6。湿度大、病部湿润、有水滴或水膜是病原菌产生大量分生孢子的重要条件，连阴雨季节发病较重。

（4）防治方法

①发病初期剪除病叶、枯枝败叶及时烧毁，防止扩大；种植不要过密，保持通风通光。冬季清洁田园，及时烧毁病残体。

②采用科学的施肥配方和技术，施足腐熟有机肥，增施磷钾肥，提高树木的抗病性。

③发病前，喷施保护性药剂，如 80%代森锰锌可湿性粉剂 700 至 800 倍液，或 1%半量式波尔多液，或 75%百菌清 500 倍液进行防治。

④发病期间及时喷洒 75%甲基托布津可湿性粉剂 1 000 倍液，75%百菌清可湿性粉剂 600 倍液，或 25%炭特灵可湿性粉剂 500 倍液，25%苯菌灵乳油 900 倍液，或 50%退菌特 800 至 1 000 倍液，或 50%炭福美可湿性粉剂 500 倍液。隔 7 至 10 天一次，连续 3 至 4 次，防治效果较好。

二、主要虫害及防治

1. 蚜虫

蚜虫俗称腻虫或蜜虫等。蚜虫为多态昆虫，同种有无翅和有翅，有翅个体有单眼，无翅个体无单眼（图 7–2）。

图 7–2　蚜虫及危害状

具翅个体 2 对翅，前翅大，后翅小，前翅近前缘有 1 条由纵脉合并而成的粗脉，端部有翅痣。第 6 腹节背侧有 1 对腹管，腹部末端有 1 个尾片，蚜虫危害嫩梢或幼叶，用针状刺吸口器吸食植株的汁液，使细胞受到破坏，生长失去平衡，叶片向背面卷曲皱缩，新叶生长受阻，严重时植株停止生长，甚至全株萎蔫枯死。蚜虫为害时排出大量水分和蜜露，滴落在下部叶片上，引起霉菌病发生，使叶片生理机能受到障碍，减少干物质的积累。蚜虫的繁殖力很强，一年能繁殖 10 ～ 30 个世代，世代重叠现象突出。雌性蚜虫一生下来就能够生育。而且蚜虫不需要雄性就可以怀孕（即孤雌繁殖）。蚜虫与蚂蚁有着和谐的共生关系。蚜虫带吸嘴的小口针能刺穿植物的表皮层，吸取养分。每隔一两分钟，这些蚜虫会翘起腹部，开始分泌含有糖分的蜜露。工蚁赶来，用大颚把蜜露刮下，吞到嘴里。一只工蚁来回穿梭，靠近蚜虫，舔食蜜露，就像奶牛场的挤奶作业。蚂蚁为蚜虫提供保护，赶走天敌；蚜虫也给蚂蚁提供蜜露，这是一个合作两利的交易。

生物防治：利用天敌。如攻击蚜虫的昆虫有七星瓢虫、食蚜蝇、寄生蜂、食蚜瘿蚊、蚜狮、蟹蛛和草蛉等；保护和增加天敌数量可增强其对蚜虫种群的控制作用。

化学防治：可用 40% 乐果、25% 甲氰菊酯 500 ～ 1 000 倍液、25% 蚜螨清乳油 50 mL、吡虫啉系列产品 1 500 ～ 2 000 倍液、10% 蚜虱净 60 ～ 70 g、20% 吡虫啉 1 500 倍液、25% 抗蚜威 3 000 倍液喷雾防治。

2. 红蜘蛛

红蜘蛛主要以卵或受精雌成螨在植物枝干裂缝、落叶以及根基周围浅土层土缝等处越冬，越冬卵一般在 3 月初开始孵化，4 月初全部孵化完毕，越冬后 1 ～ 3 代主要在地面杂草上繁殖为害，4 代以后即同时在拐枣嫩叶、间作物和杂草上为害，展叶以后转到叶片上为害，先在叶片背面主脉两侧为害，从若干个小群逐渐遍布整个叶片。发生量大时，在植株表面拉丝爬行，借风传播。一般情况下，在 5 月中旬达到盛发期，7 至 8 月是全年的发生高峰期，尤以 6 月下旬到 7 月上旬危害最为严重。常使全树叶片枯黄泛白（图 7–3）。该螨完成一代平均需要 10 至 15 天，既可营两性生殖，又可营孤雌生殖，雌螨一生只交配一次，雄螨可交配多次。越冬代雌成螨出现时间的早晚，与寄主本身的营养状况的好坏密切相关。寄主受害越重，营养状况越坏，越冬螨出现得越早；反之，到 11 月上旬仍有个体为害。

图 7–3　红蜘蛛危害

它主要危害植物的叶、茎、花等，刺吸植物的茎叶，使受害部位水分减少，表现出失绿变白现象，叶表面呈现密集苍白的小斑点，卷曲发黄。严重时植株发生黄叶、焦叶、卷叶、落叶和死亡等现象。受害状由点状或不规则块状，甚至整个叶片变黄，严重影响光合作用物质积累。

红蜘蛛喜欢高温干旱环境，在高温干旱的气候条件下，其繁殖迅速，虫子多群集于叶片背面吐丝结网，为害严重。此期应重点加强虫情检查，发现危害应及时处理，平时也应注意观察，发现叶片颜色异常时，应仔细检查叶背，个别叶片受害时，可摘除虫叶。

防治方法：根据红蜘蛛的生物学习性，可应用农业、物理、和化学防治措施进行防治。

（1）人工防治。在越冬卵孵化前刮树皮并集中烧毁，刮皮后将树干涂白可杀死大部分越冬卵。

（2）农业防治。根据红蜘蛛越冬卵孵化规律和孵化后首先在杂草上取食繁殖的习性，早春进行翻地，清除地面杂草，保持越冬卵孵化期间田间没有杂草，使红蜘蛛因找不到食物而死亡。

（3）物理防治：可在拐枣树发芽和红蜘蛛即将上树为害前（约 4 月下旬），应用无毒不干黏虫胶在树干中涂一闭合粘胶环，环宽约 1 cm，2 个月左右再涂一次，即可阻止红蜘蛛向树上转移为害，效果可达 95% 以上。

（4）利用天敌：如七星瓢虫、异色瓢虫、食螨瘿蚊、小花蝽、中华草蛉等可控制螨害；保护和增加天敌数量可增强其对红蜘蛛种群的控制作用。

（5）化学防治：应用螨危 4 000 ～ 5 000 倍（每瓶 100 毫升兑水 400 ～ 500 kg）均匀喷雾，40% 三氯杀螨醇乳油 1 000 ～ 1 500 倍液，20% 螨死净可湿性粉剂 2 000 倍液，15% 哒螨灵乳油 2 000 倍液，1.8% 齐螨素乳油 6 000 ～ 8 000 倍等均可达到理想的防治效果，喷药时应喷在叶背面。

3. 桃蛀螟

桃蛀螟主要危害果实，幼虫多以果柄蛀入，幼虫从中取食果肉，果柄内形成圆形蛀道，蛀孔外堆有大量虫粪，并使受害部位形成空洞，仅留果皮，虫果易腐烂。

（1）防治方法

①做好清园工作，将老翘皮刮净，清除园内枯枝落叶，

集中处理，以消灭越冬幼虫。

②喷药防治：要掌握第一、二代成虫产卵高峰期喷药（6月下旬，7月中旬，7月下旬，8月上旬），用50%杀螟松乳剂1 000倍液，50%辛硫磷乳油1 000倍液，2.5%溴氰菊酯乳油1 500倍液，2.5%功夫乳油1 500倍液喷雾防治。

4. 天牛

天牛主要是危害木本植物的害虫，在幼虫期蛀蚀树干、枝条及根部。影响树木的生长发育，使树势衰弱，导致病菌侵入，也易被风折断。受害严重时，整株死亡，盛产期被害时，果实无法生长，被害植物易被风吹断。

（1）天牛生活习性

天牛一般以幼虫或成虫在树干内越冬。成虫5～6月咬一圆形羽化孔钻出树干，白天多栖息在树干或大枝上，晚间活动取食，30～40天后交尾产卵（图7-4）。产卵多选择5年生以上植株、离地面30～100 cm的树干基部，卵期10～15天。幼虫孵化后，先在韧皮部或边材部蛀成“Δ”状蛀道，由此排出木屑和粪便，被害部分树皮外张，不久纵裂，流出褐色树液，这是识别云斑天牛危害状的重要特征。20～30天后，幼虫逐渐蛀入木质部，深达髓心（图7-5）。

图7-4 云斑天牛成虫

图7-5 天牛幼虫树干内蛀孔

图7-6 天牛老熟幼虫

8月老熟幼虫在蛀道末端开始化蛹，9月羽化为成虫后在蛹室内越冬，翌年5月出孔。5～6月成虫羽化后，有的需进行补充营养，取食花粉、嫩枝、嫩叶、树皮、树汁或果实、菌类等，有的不需补充营养。成虫寿命一般10余天至1～2个月；但在蛹室内越冬的成虫可达7～8个月，雄虫寿命比雌虫短。成虫活动时间与复眼小眼面粗、细有关，一般小眼面粗的，多在晚上活动，有趋光性；小眼面细的，多在白天活动。成虫产卵方式与口器形式有关，一般前口式的成虫产卵时将卵直接产入粗糙树皮或裂缝中；下口式的成虫先在树干上咬成刻槽，然后将卵产在刻槽内。天牛主要以幼虫蛀食，生活时间最长，对树干危害最严重。当卵孵化出幼虫后，初龄幼虫即蛀入树干，最初在树皮下取食，待龄期增大后，即钻入木质部为害，有的种类仅停留在树皮下生活，不蛀入木质部。幼虫在树干内活动，蛀食隧道的形状和长短随种类而异。幼虫在树干或枝条上蛀食，在一定距离内向树皮上开口作为通气孔，向外推出排泄物和木屑。幼虫老熟后即筑成较宽的蛹室，两端以纤维和木屑堵塞，而在其中化蛹。蛹期约10～20多天。

（2）天牛防治

①人工防治：利用天牛成虫的假死性，可在早晨或雨后摇动枝干，将成虫振落地面捕杀。或在成虫产卵期用小尖刀将产卵槽内的卵杀死。在幼虫期经常检查枝干，发现虫类时，用小刀挖开皮层将幼虫杀死，发现被害枯梢及时剪除，集中处理。

②药剂防治：初龄幼虫，6月份在刚入木质部时，可取敌敌畏，敌百虫等杀虫剂20～30倍液，用大号注射器将药

液注入虫道，若幼虫已深入枝干并钻有排粪孔时，新排粪孔内放入蘸有 30 ～ 50 倍 50%敌敌畏乳油或 40%氧化乐果乳油的棉花团，或放入 1/4 片磷化铝，然后用泥封住虫口，进行药杀。

③树干涂白：天牛产卵多在树干下部，可在树干上刷白涂剂（生石灰 1 份：食盐 0.5 份：硫黄粉 1 份：水 40 份），一般涂于树干离地面 30 cm 处，对其他天牛视产卵部位高低，涂在树干下部离地 2 m 范围内，不涂漏。对成虫有忌避作用。

5. 刺蛾类

有黄刺蛾、褐刺蛾、绿刺蛾、扁刺蛾，属鳞翅目，刺蛾科。俗称痒辣子、活辣子、毛八角、刺毛虫等（图 7–7 至图 7–11）。

图 7–7 绿刺蛾成虫

图 7–8 绿刺蛾茧

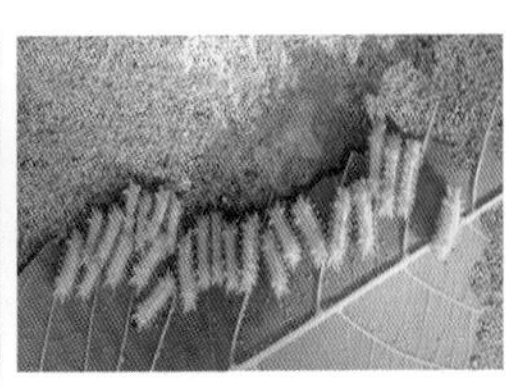

图 7–9 绿刺蛾幼虫危害状

图 7–10 黄刺蛾成虫

图 7–11 褐刺蛾成虫

在全国各地均有分布。除危害拐枣树外，还危害核桃、板栗、枫杨、乌桕、油桐、苹果、梨等多种果树及林木。拐枣树以黄刺蛾、绿刺蛾和扁刺蛾，发生为害较普遍。初龄幼虫取食叶片的下表皮和叶肉，仅留表皮层，叶面出现透明斑。3 龄以后幼虫食量增大，把叶片吃成很多孔洞，缺刻，影响树势和翌年结果，是拐枣叶部重要害虫。幼虫体上有毒毛，触及人体，会刺激皮肤发痒发痛。发生严重时应进行防治。

防治方法：

（1）消灭虫茧。9～10月或冬季，结合对拐枣树的垦复、修剪等管理，可根据不同刺蛾的结茧地点，分别用敲、挖、翻等方法，铲除虫茧，集中深埋在30 cm以下的土层中压实，以免其羽化成虫出土为害。可以有效地减低翌年的虫口密度。

（2）黑光灯诱杀成虫。在成虫盛发期，利用成虫较强的趋光性，每天19：00～21：00时，可设置黑光灯诱杀成虫。

（3）消灭初龄幼虫。有的刺蛾初龄虫有群栖为害习性，初害叶片出现透明斑，应及时摘除虫叶，踩死幼虫。

（4）化学防治。刺蛾幼虫发生严重时，可分别用10%吡虫啉2 000～3 000倍液，1.8%阿维菌素2 000～3 000倍液，傲成（40%毒死蜱乳剂）1500倍液喷杀幼虫，杀虫率达90%以上。

（5）此外还应注意保护寄生刺蛾茧的寄生蜂。有的地区将采下来的茧放在饲养笼内，饲养笼孔要比刺蛾成虫胸部小，防止刺蛾成虫飞出，而寄生蜂则可钻出笼外继续繁殖。在防治上起到积极作用。

6. 小吉丁虫

幼虫在2～3年生枝条皮层中呈螺旋形串食危害，主要危害形成层和韧皮部，被害处膨大成瘤状，疏导组织受到破坏，致使枝梢干枯，幼树生长衰弱，严重者全株枯死。防治方法：

（1）加强管理。加强对拐枣树的水肥、修剪和病虫害防治等综合管理，促进树体旺盛生长。

图 7–12 小吉丁虫成虫

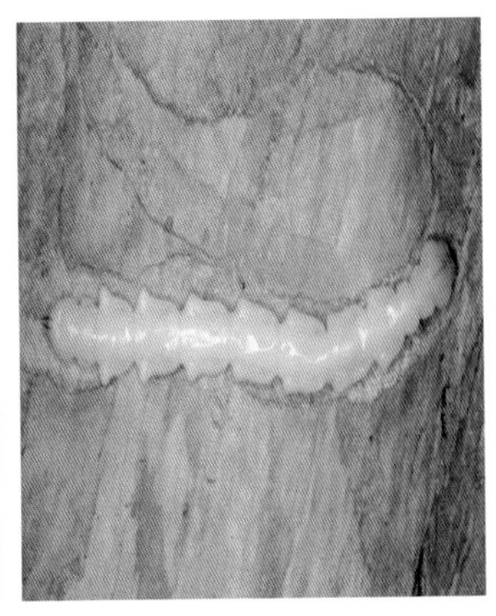

图 7–13 小吉丁虫幼虫及危害状

（2）剪除蛹茧。冬季至羽化前结合修剪，剪除并烧毁全部被害枝。

（3）药物防治。7～8月，发现幼虫蛀入的通气孔后，涂抹5～10倍的敌敌畏。

（4）在成虫产卵期和卵孵化期，树冠喷布10%的氯氰菊酯乳油1 500～2 500倍液，或20%的速灭杀丁3 000～4 000倍液，或15%的吡虫啉3 000～4 000倍液。

三、病虫害综合防治

拐枣病虫害的防治应按照“预防为主、综合防治”的原则，要因地制宜，合理运用农业、生物、化学、物理的方法及其他有效的生态手段，把病虫危害控制在经济阈值以下，以达到提高经济效益、生态效益和社会效益的目的。

病虫害综合防治主要应围绕以下几个方面进行：消灭病虫害的来源；切断病虫的传播途径；利用和提高拐枣树的抗病、抗虫性，保护拐枣树不受侵害；控制果园环境条件，使它有利于拐枣树的生长发育，而不利于病虫的发生发展；直接消灭病原和害虫。

1. 植物检疫

植物检疫是防治病虫害的一项重要的预防性和保护性措施。

（1）农业防治。农业防治即是在果园生态系统中，利用和改进栽培技术，调节病原物害虫和寄主及环境之间的关系，创造有利于拐枣树生长、不利于病虫害发生的环境条件来控制病虫害发生发展的方法。

（2）除草、修剪和清园。除草、修剪病虫枝叶和收获后清园，将病虫残枝和枯枝落叶进行烧毁或深埋处理，可大大减少病虫越冬基数，是防治病虫害的重要农业技术措施。

2. 其他农业措施

（1）合理的栽植密度和水肥管理：确保园内干燥通风，增施磷、钾肥，减缓拐枣树病虫害发生和蔓延的速度。

（2）利用植物抗性，选育抗病虫品种。

3. 生物防治

一般指利用有害生物的寄生性、捕食性和病原性天敌来消灭有害生物。这些生物产物或天敌一般选择性强，毒性大，而对高等动物毒性小，对环境污染小。拐枣树病虫害的生物防治是解决拐枣树果实免受农药污染的有效途径。

生物防治，目前主要是采用以虫治虫，微生物治虫，以菌治病和性诱剂防治害虫等方法进行。

（1）以虫治虫。利用天敌昆虫防治害虫包括利用捕食性和寄生性两类天敌昆虫。如：多星瓢虫、小十三星瓢虫、七星瓢虫、二星瓢虫、大草蛉、中华草蛉、食蚜黑点盲蝽、食虫小花蝽、蚜茧蜂等，是蚜虫和木虱等的重要天敌，因此可利用这些天敌昆虫进行蚜虫和木虱的防治。

（2）微生物治虫。微生物治虫主要包括利用细菌、真菌、病毒等昆虫病原微生物防治害虫。病原细菌主要是苏云金杆菌类，它可使昆虫得败血病死亡。

（3）性诱剂防治。性诱剂是一种无毒，对天敌无杀伤力，不使害虫产生抗药性的昆虫性外激素。迄今，已合成了几十种昆虫性诱剂用于防治害虫。

性诱剂防治害虫主要有两种方法：

①诱捕法：又称诱杀法，是用性外激素或性诱剂直接防治害虫的一种方法。

②迷向法：又称干扰交配，是大田应用昆虫性诱剂防治害虫的一项重要的方法。

4. 化学防治

应用化学农药防治虫害的方法，称为化学防治法。其优点是作用快、效果好、应用方便，能在短期内消灭或控制大量发生的虫害，受地区性或季节性限制比较小，是防治虫害常用的一种方法。但如果长期使用，害虫易产生抗药性，同时杀伤天敌，往往造成害虫猖獗；有机农药毒性较大，有残毒，能污染环境，影响人畜健康。

（1）喷药原则

①不能在防治同一种害虫时使用同一类型的两种或两种以上的农药；

②不能随意降低农药防治倍数，加大用药量；

③在多品种农药混用时要分清各农药的酸性和碱性，切不可将酸、碱农药混合使用；

④要明确主治对象和兼治对象，以防治主要害虫为重点，

兼治次要害虫，防止重复用药；

⑤要注意一防多治，即在每一次喷药过程中虫螨兼防，蚜、虱、螨兼治。

（2）要选准农药品种

目前，在农药市场上杀虫剂种类复杂、名目繁多，但应该掌握什么虫用什么药，也应该明确什么药在果实采果期不能施用。

（3）要注意科学的喷药方法

喷药时间：必须在晴天的早晨或傍晚进行，切不可在中午进行喷药。

保护措施：农药应该现配现喷，喷药期间操作人员要采取防护措施，不可抽烟、吃东西，尽量避免身体直接接触农药，如身体有伤最好不要喷药，以防农药中毒。

5. 物理机械防治

根据害虫的生活习性和病虫的发生规律，利用物理因子或机械作用对有害生物生长、发育、繁殖等进行干扰，以防治植物病虫害的方法，称为物理机械防治法。物理因子包括光、电、声、温度、放射能、激光、红外线辐射等；机械作用包括人力扑打、使用简单的器具器械装置，直至应用现代化的机械设备等。

尽管防治的方法很多，但各种方法必须综合应用、统防统治，才能取得预期效果。如对于木虱、刺蛾、叶甲、蛀螟等具有迁飞能力害虫的防治，应与周边比邻果园园主协商进行同时间集中统一防治。不可今天你防，明天他防，这样将飞蛾赶来赶去既浪费了农药又达不到防治效果。

第八章 果实采收和加工

一、采收时期

拐枣挂果期长，可达百年之久，如果管理得当，盛果期有30～60年左右，拐枣一般栽后5～6年开始挂果，8～10年左右进入盛果期，四旁树单株拐枣鲜果可达400 kg以上，大田栽培亩产1 500～2 000 kg。采收拐枣鲜果时，一定要在冬季10下旬到11月上旬，霜降前后，经过几次霜冻、果梗变为红褐色时进行，一般阳坡早于阴坡。果实未完全成熟时，含有单宁酸，味苦涩难食，如果此时即进行采收会影响果实品质。

二、采收方法

拐枣成熟后自然脱落，生产上常见的是在拐枣基本落完后拣拾，这种采收方法使拐枣掉落后容易损伤破烂，遇连阴雨易造成霉变，采收时人为踩踏又会造成二次损伤，商品性差。正确的做法是在拐枣成熟1～2成开始掉落时，在地面铺上布单或塑料布，用长竹竿敲打树枝，拐枣自然落到床单上，可以减少损伤，拐枣成熟后含水量相对较大，不能堆放过厚，要在通风场地摊薄经水分蒸发一部分后，储藏至阴凉处7～10 d，即可生吃或出售。大量收购拐枣要进行整理分拣，将破损、霉变、虫害的拣出，采用烘干办法进行包装出售。

三、拐枣的加工利用

拐枣是药食同源果品，种子是传统中药材，有清凉利尿的作用。拐枣果梗含糖高，可制成果脯或拐枣酒、拐枣醋、饮料等，深加工可以生产保肝护肝、胶囊、口服液等保健品价值会更高。

1. 拐枣酒加工

用拐枣酿酒有2000年的历史，拐枣果梗酿制的“拐枣白酒”，性热，有活血、散瘀、祛湿、平喘等功效。民间常用拐枣酒泡药或直接用于医治风湿麻木和跌打损伤等症。在中医上，其种子、木质入药，有清热、利尿、解酒毒之功效。

图8–1 拐枣酒制作流程

加工方法：采收的拐枣果梗经过初选，清洗后用工具或机械脱去种子、果柄，破碎后装入木桶或发酵池，加入酵母菌（土做法加入自己做的酒糊）进行发酵，然后蒸馏后做成白酒（图 8–1）。

2. 拐枣醋制作

用拐枣作为原料，进行发酵成乙醇，在醋酸菌的作用下，继续在温度 25 ～ 35℃下有氧发酵，经沉淀后过滤灭菌后制成拐枣醋。

3. 拐枣果酒

加工流程：以拐枣为原料进行发酵加工成果酒，方法同葡萄酒加工方法。工艺流程为原果（拐枣）—清洗打浆—入澄清罐中发酵—倒灌—过滤—配制灭菌—灌装—成品。保留了拐枣营养成分和保健作用（图 8–2）。

图 8–2　拐枣果酒

4. 拐枣保健品

拐枣解酒护肝功能性饮料是利用其特有的技术工艺，融合拐枣自身的特点，增强乙醇脱氢酶和乙醛脱氢酶的数量和活性，促进乙醇分解，有效达到醒酒解酒的目的。该款饮料通过降低其肝功能指标 GOT 和 GPT，来达到护肝养肝的目的。

以拐枣为原料，进行清洗，脱离种子，然后进行压榨加工生产成系列降糖降脂、拐枣浓缩系列保肝护肝、经典系列解酒口服液和拐枣饮料等保健品饮品。

5. 拐枣保健茶

（1）品名。枳椇子葛根固体饮料

配料：枳椇子粉、葛根粉、木糖醇、麦芽糊精

工艺：将拐枣去除种子，清洗消毒、超临界技术低温萃取精华成分，制成粉状便于吸收。

功能作用：枳椇子（拐枣）含有多种维生素和 18 种人体必需的氨基酸，其中二氢杨梅素、黄酮、多酚、多糖、角鲨烯等营养成分含量属于较高水平。适用于保肝护肝、醒酒安神、降血压、祛湿通络人群。

葛根含有丰富的葛根素和黄酮类物质，含蛋白质、氨基酸和人体必需的铁，钙，铜，硒等多种人体必需微量元素，适用于免疫力低下、血脂、血糖、血压偏高的人群服用，可起到改善体质的作用。

产品特色：醒酒、保肝护肝，避免酒精侵袭（图 8-3）。

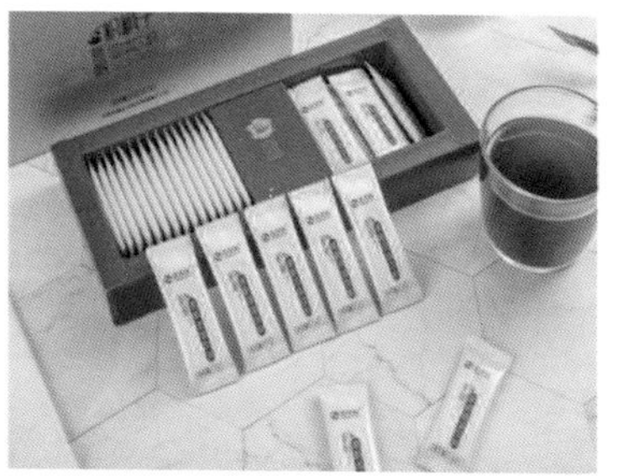

图 8-3　枳椇子葛根固体饮料

（2）枳椇子代用茶。

（3）产品形式：袋泡茶。

（4）配料：枳椇子、鲜芦根、山楂、橘皮。

（5）制作工艺：优选原料、清洗消毒、气流粉碎，无添加制成大颗粒，有效成分溶出量高。

（6）产品特色：清肝明目、保肝护肝、抗氧化、增强免疫、润肠养身、通络止痉、止渴除烦（图 8–4）。

图 8–4　枳椇子代用茶

附录 波尔多液和石硫合剂配制方法

一、波尔多液配制方法

波尔多液是一种保护性杀菌剂，是防治果树叶、果病害的常用药剂，成品为天蓝色、微碱性悬浮液，其有效成分为碱式硫酸铜。一般在果树病害发生前喷雾，起预防保护作用。药液喷雾在植物体上后，生成一层白色的药膜，可有效地阻止孢子萌发，防止病菌侵染，提高树体抗病能力，且黏着力强，较耐雨水冲刷，具有杀菌谱广、持效期长、病菌不会产生抗性、对人和畜低毒等特点，广泛用于防治蔬菜，果树、棉、麻等植物的多种病害，是农业生产上优良的保护剂和杀菌剂。

波尔多液主要配制原料为硫酸铜、生石灰及水，其混合比例要根据树种或品种对硫酸铜和石灰的敏感程度、防治对象以及用药季节和气温的不同而定。生产上常用的波尔多液比例有：硫酸铜石灰等量式（硫酸铜：生石灰=1：1）、倍量式（1：2）、半量式（1：0.5）和多量式（1：3～5），用水一般为160～240倍。所谓半量式、等量式和多量式波尔多液，是指石灰与硫酸铜的比例。而配制浓度1%、0.8%、0.5%，0.4%等，是指硫酸铜的用量。例如施用0.5%浓度的半量式波尔多液，即用硫酸铜1份、石灰0.5份，水200份配制。也就是1：0.5：200倍波尔多液。

在配制过程中，可按用水量一半溶化硫酸铜，另一半溶化生石灰，待完全溶化后，再将两者同时缓慢倒入备用的容器中，不断搅拌；也可用 10%～20%的水溶化生石灰，80%～90%的水溶化硫酸铜，待其充分溶化后，将硫酸铜溶液缓慢倒入石灰乳中，边倒边搅拌使两液混合均匀即可，此法配成的波尔多液质量好，胶体性能强，不易沉淀。要注意切不可将石灰乳倒入硫酸铜溶液中，否则易发生沉淀，影响药效。

面积较大的果园一般要建配药池，配药池由一个大池，二个小池组成，两个小池设在大池的上方，底部留有出水口与大池相通。配药时，塞住两个小池的出水口，用一小池稀释硫酸铜，另一小池稀释石灰，分别盛入需兑水数的 1/2（硫酸铜和石灰都需要先用少量水化开，并滤去石灰渣子）。然后，拔开塞孔，两小池齐汇注于大池内，搅拌均匀即成。如果药剂配制量少，可用一个大缸，两个瓷盆或桶。先用两个小容器化开硫酸铜和石灰。然后两人各持一容器，缓缓倒入盛水的大缸，边倒边搅拌，即可配成。

在拐枣树上的运用：拐枣叶枯病、炭疽病在发病前，喷等量式 200 倍波尔多液，间隔 15 ～ 20 天再喷 1 次。

配制及使用波尔多液的注意事项

（1）配制用的生石灰必须质量好，不要用风化的石灰。块状石灰可放在大缸或塑料袋内封闭贮藏。如果没有块状石灰，也可用过滤在石灰池内的建筑用石灰，但应除掉表层，用量要加一倍。

（2）硫酸铜在冷水中溶解缓慢，为了提高工作效率，可先用少量热水使硫酸铜完全溶解后再按配量将水加足。

波尔多液需随配随用，不可放置时间太长，24 小时后会发生质变，不宜使用。

（3）不能用金属容器盛放波尔多液，喷雾器使用后，要及时清洗，以免腐蚀而损坏。

（4）波尔多液是一种以预防保护为主的杀菌剂，喷药必须均匀细致。

（5）阴天、有露水时喷药易产生药害，故不宜在阴天或有露水时喷药。

（6）波尔多液配成后，将磨光的芽接刀放在药液里浸泡 1 ～ 2 分钟，取出刀后，如刀上有暗褐色铜离子，则需在药液中再加一些石灰水，否则易发生药害。

（7）喷施过石硫合剂、石油乳剂或松脂合剂的果树，需隔 20 天到 1 个月以后，才能使用波尔多液，否则会发生药害。

（8）易发生药害的果树在使用时要慎重。施用时可参考主要果树对农药的敏感情况。如桃、李、杏、樱桃等核果类果树，生长期使用波尔多液易发生药害而导致落叶，使用时间和浓度，应通过小面积试验后，再大面积推广使用。

二、石硫合剂的熬制和使用方法

石硫合剂，是由生石灰、硫黄加水熬制而成的一种药剂，它是一种颜色为暗褐色，而且有臭味呈碱性的液体，因其取材方便、价格低廉、效果好、对多种病菌具有抑杀作用等优点，被广大果农所普遍使用，被誉为果园第一喷，可以防治蚜虫、红蜘蛛、介壳虫、细菌性穿孔病、炭疽病、锈病、褐斑病、黑痘病等病虫害。为了使广大果农更好地掌握石硫合剂的熬制方法与使用技术，及时有效防地治果树病虫害的发生，提高水果产量和质量，增加经济收入，现将石硫合剂的熬制方法和使用技术介绍如下：

1. 石硫合剂的熬制方法

石硫合剂的主要原料是生石灰（烧透的石灰块）、硫黄粉（以镇雄生产，细度 325 目的为好），其次是水。熬制用具需要大铁锅一口（口径越大越好），水桶一副，大盆一个，磅秤一把，1.5 m 长的竹竿或木棍一根，波美表一支，盛石硫合剂的非金属可密封容器多个，充足的燃料（干柴或煤）。

石硫合剂的熬制有等量式和倍量式两种。等量式为石灰：硫黄粉：水 =1：1：10；倍量式为石灰：硫黄粉：水 =1：2：10。下面以等量式为例进行介绍：按照等量式的熬制比例，先用磅秤称好 50 kg 水放入锅内燃火烧煮，再称 5 kg 石灰，5 kg 硫黄粉。将称好的硫黄粉放入盆内，取锅内的水加入稀释，搅拌成糊状备用。待锅内的水烧至沸腾时（约 90℃），放入称好的石灰块，等石灰块溶化后，捞出残渣，再沿锅边慢慢倒入搅拌成糊状的硫黄粉。在熬制过程中用竹竿或木棍沿顺时针方向不停搅动，熬制时间 40 ～ 45 分钟，锅内溶液颜色由黄色逐渐变为红色再变为紫红色时即可撤火冷却。冷却后浮于锅内上层的溶液为熬制好的石硫合剂原液，舀起原液盛入非金属容器内，插入波美表量出原液浓度，制成标签贴于容器上，密封容器即可。

熬制方法：原液浓度一般在波美 23 ～ 25°Be。熬制关键：火温要均衡，做到“一搅二看”。“一搅”即在搅动过程中一定要朝一个方向搅动，绝不能正搅几圈又反搅几圈，正反搅会影响石硫合剂化学结构的形成。“二看”即一看熬制时间是否达到要求，二看熬制颜色是否变为紫红色。

2. 石硫合剂的作用

（1）杀虫：一方面害虫在接触到石硫合剂后，药液中的多硫化物为固态硫，封堵昆虫气孔，使其窒息而亡；另一方面，石硫合剂经喷施后，多硫化钙与空气中的氧气、二氧化碳发生化学反应，分解为硫黄微粒和碳酸钙等，而硫黄微粒在高温下挥发成气体，侵入害虫和病菌体内，经一系列化学反应，转化为比硫黄毒性更大的硫化氢气体，对害虫有一定的毒杀作用。此外，石硫合剂还能软化部分害虫如介壳虫的蜡质层或螨卵的体壁。

（2）杀菌：石硫合剂进入菌体后，可使菌体细胞正常的氧化还原受到干扰，导致生理功能失调而死亡。此外，其释放的硫化氢气体能破坏病原微生物的生理活动。

（3）保护：石硫合剂在施用后会在受药处表面处形成一层药效薄膜，这个薄膜可以隔绝果树遭受病虫害细菌的感染、防止外界水汽渗入破坏发病条件。而石硫合剂本身碱性很强，对多数病害有天然抑制作用。

3. 石硫合剂在果树上的应用：

（1）清园药。在冬季修剪结束后，清除果园内杂草、枯枝落叶（果），全园及时喷布一次 5 °Be 石硫合剂，可以有效防治病虫害。一般可以在 11 月下旬至 12 月上中旬的时候集中喷药，这个时候病虫开始越冬，它们的抗药性会减弱。也可以在早春大概在 2 月中下旬至 3 月上中旬的时候喷药，这个时候气温回升，病虫害开始活跃起来。喷药应选择晴朗的天气进行。

（2）生长期防病虫害药。果树成长期，如受到红蜘蛛、介壳虫、蚜虫、潜叶蛾、白粉病、流胶病、锈病等病虫侵害时，可通过喷施石硫合剂进行防治。

（3）涂白剂。作为病虫防治功效的涂白剂，可与生石灰、黄泥、食盐、植物油等搅拌配置成石硫合剂复合液，兼有防冻防灼等作用。

（4）伤口处理剂。将石硫合剂用作果树伤口的保护剂，能有效防止果树受到更多的病虫害侵袭，降低病菌扩散的范围，可有效防止腐烂病、溃疡病等病害的发生。

4. 石硫合剂的用量

石硫合剂原液浓度为 23 ～ 25 °Be，在果树涂干或处理伤口时可用原液；清园时可用 3 ～ 5 °Be 药液；果树生长期喷雾可选择 0.3 ～ 0.5 °Be 药液；涂白时添加 11 °Be 药液；在使用石硫合剂的时候应该加入一些水进行稀释，加水量的计算公式：加水量=（原液浓度 ÷ 目的浓度 −1）× 原液量。

5. 使用注意事项

（1）要随配随用，配置石硫合剂的水温应低于 30℃，热水会降低效力。气温高于 38℃或低于 4℃均不能使用。气温高，药效好。气温达到 32℃以上时慎用，浓度在 0.3 °Be 右。安全使用间隔期为 7 天。

（2）萌芽后慎用，此时浓度降低至 0.3 °Be 左右，以免造成药害。对桃、李、杏等对石硫合剂敏感的植物，在花期及坐果后使用会影响落花落果。

（3）要控制好与其他药剂混用和间隔时间。强碱性的石硫合剂，是不能与大多数忌碱性的农药混用的，如果与其他药剂混用不当，或前后使用间隔时间不足，不但会降低药效还会引起药害。不能与波尔多液等碱性药剂或机油乳剂、松脂合剂、铜制剂混用，否则会发生药害。在喷石硫合剂后，要间隔 10 ～ 15 天，才能喷波尔多液。先喷波尔多液或机油乳剂的，要间隔 20 天以后才能喷布石硫合剂，以免产生药害。

（4）石硫合剂不能长期单一使用，防止产生抗药性，可与其他杀虫杀菌剂交替使用，间隔期一般 10 ～ 15 天以上，以免产生药害。

（5）不能长期存放，遇到空气容易生成游离的硫黄和硫酸钙，需要密封贮存，若需短期保存，应在药液表面滴入一层煤油，用以隔绝与空气的接触，防止被空气氧化。

（6）石硫合剂的强碱特性具有非常强的腐蚀性，会对人体皮肤产生较大伤害，所以在配药、喷洒、涂抹时都必须做好防护措施，喷药后应清洗全身。药液溅到皮肤上，可用大量清水冲洗，以防皮肤灼伤。使用石硫合剂后的喷雾器，必须充分洗涤，以免腐蚀损坏。清洗喷雾器时，勿让废水污染水源。

（7）毒性：大白鼠急性经口 LD50 为 501 mg/kg 可致死，误食本品后，可采用弱碱洗胃方法解救，并立即注射可拉明、山梗菜碱强心剂和静脉注射 50% 葡萄糖 40 ～ 60 mL 及维生素 C500 mL。

三、石硫合剂与波尔多液有何区别

1. 配方不同

石硫合剂是用生石灰，硫黄和水共同熬制的；而波尔多液是硫酸铜、生石灰和水的混合物。

2. 作用不同

石硫合剂是一种能杀菌、杀螨和杀虫的药剂；而波尔多液是一种保护剂，主要作用是预防病菌侵染性危害。

3. 使用时间不同

石硫合剂一般在病害开始发生的时候使用；而波尔多液一般在树木萌芽前使用。

4. 存放要求不同

石硫合剂要密封存放在容器中，避免与空气接触；而波尔多液不能久放，要求配好后及时用完。

参考文献

[1] 张莹 , 黎斌 , 李思锋 , 等 . 北枳椇种子萌发特性研究 [J]. 贵州：种子 , 2009,28(12):66–68.

[2] 王文彤 , 张娜 , 郑夺 . 中药枳椇子药理作用研究 [J]. 天津：药学 , 2011, 23(1):3.

[3] 徐红梅 , 陈京元 , 肖德林 . 林木炭疽病研究进展 [J]. 湖北：湖北林业科技 ,2004.(130)：40–42.

[4] 徐方方 , 刘博 , 张晓琦 . 枳椇属化学成分和药理活性的研究进展 [J]. 北京：中国中药杂志 , 2020, 45(20):9.

[5] 贾春晓 , 熊卫东 , 毛多斌 , 等 . 拐枣果梗中有机酸成分的 GC–MS 分析 [J]. 北京：中国食品学报 , 2005, 5(1):3.

[6] 王艳林 , 韩钰 . 拐枣的食用价值研究：I 营养成分分析 [J]. 宜昌：湖北实用医学进修杂志 , 1994(1):43–45.

[7] 邹礼根 , 柳爱春 , 刘超 , 等 . 拐枣水提取液对小白鼠解酒的作用 [J]. 杭州：浙江农业科学 , 2010, 000(001):109–110.

[8] 孙连连 , 曾青兰 , 王能斌 . 拐枣解酒护肝产品研究进展 [J]. 河北：河北现代养生 , 2017:217–218.

[9] 司武阳 , 林晓华 , 杨希 , 等 . 拐枣的研究进展 [J]. 北京：北京食品界 , 2019(2):3.